土家族传统建筑审美文化

范洪涛　著

武汉理工大学出版社

图书在版编目（CIP）数据

土家族传统建筑审美文化/范洪涛著．—武汉：武汉理工大学出版社，2021.12

ISBN 978-7-5629-5923-6

Ⅰ．①土⋯　Ⅱ．①范⋯　Ⅲ．①土家族－民族建筑－建筑美学－研究－恩施土家族苗族自治州　Ⅳ．①TU-092.873

中国版本图书馆CIP数据核字（2018）第258528号

责 任 编 辑：陈　平
责 任 校 对：张明华
书 籍 设 计：帛　乐
出 版 发 行：武汉理工大学出版社
社　　　　址：武汉市洪山区珞狮路122号
邮　　　　编：430070
网　　　　址：http://www.wutp.com.cn
经　　　　销：各地新华书店
印　　　　刷：武汉精一佳印刷有限公司
开　　　　本：880×1230　1/16
印　　　　张：7.5
字　　　　数：178千字
版　　　　次：2021年12月第1版
印　　　　次：2021年12月第1次印刷
定　　　　价：98.00元

前　言

中国传统建筑作为中国传统文化的重要载体，传递着当地的技术文化、宗教信仰、风俗民情等重要信息。传统是历史发展继承性的表现，在有阶级的社会里，传统具有阶级性和民族性。积极的传统对社会发展起促进作用，保守和落后的传统对社会发展起阻碍作用。从这个角度理解，传统建筑应该是指经历漫长历史一直留存的，并具有一定特点的建筑。

土家族传统建筑作为土家族文化的物质载体，存在于特定场所，反映了当地的风土和文化的空间概念。土家族传统建筑文化独特地表达了土家族对该场所的体验，蕴涵着独特的文化、历史和生态知识。

土家族传统聚落和建筑与自然的和谐相处之道无疑是值得现代城市建设学习与借鉴的珍贵文化财富。现代城市建设与建筑很多都出现了千篇一律的弊端，丧失了各地的地域风格与特色，造成了人与建筑关系的脱节。要改变这种不利于城市发展的局面，树立生态城市与生态建筑的良好形象，我们可以从土家族传统聚落和建筑文化中吸取营养，为城市建筑的发展输入新的血液。传统建筑并非意味着落后，它不仅可以为现代人留下宝贵的历史记忆，而且可以为现代城市文明所用，促进城市建筑文化的可持续发展。

恩施土家族在其形成发展历程中创造了地域色彩鲜明、民族特色浓郁的土家族建筑文化，反映了土家族伟大的建造智慧与独特的审美倾向，它们体现在聚落的选址与布局、建筑类型、建筑风格、建筑结构与装饰等方面。

本书介绍了恩施地域的土家族传统建筑审美文化。在聚落整体层面，重点选取了小溪、旧铺、鱼木寨等处的几个最具代表性的土家族聚落进行了诠释。在建筑层面，选取了土家族民居、园林、墓葬等最具艺术成就的建筑形式进行剖析。恩施土家族传统民居装饰以木雕为主，墓葬雕刻则以石雕为主，风格古朴稚拙。恩施土家族传统建筑审美文化还包括建房仪式与过程，这些都渗透着土家族丰富而厚重的文化信仰与精神追求。

范洪涛

2018 年 6 月

目　录

001/008　　第一章　土家族传统建筑设计溯源

009/031　　第二章　聚落类型与规划布局

032/042　　第三章　民居建造材料、工具、仪式与过程

043/062　　第四章　民居构造与形态

063/076　　第五章　古墓葬建筑及雕刻

077/083　　第六章　土家族园林

084/094　　第七章　土家族建筑的场所

095/104　　第八章　聚落与建筑的多元文化形态

105/109　　第九章　居住理念文化

110/114　　第十章　恩施土家族传统建筑的保护与利用

115　　　　参考文献

第一章 土家族传统建筑设计溯源

中国传统建筑作为中国传统文化的重要载体，传递着当地的技术、文化、宗教信仰、风俗民情等重要信息。传统建筑是本书的研究对象，必须对其进行明确的释义，据《现代汉语词典》（第7版）解释，"传统"指的是"世代相传、具有特点的社会因素，如文化、道德、思想、制度等"。传统是历史发展继承性的表现，在有阶级的社会里，传统具有阶级性和民族性。积极的传统对社会发展起促进作用，保守和落后的传统对社会发展起阻碍作用。从这个角度理解，传统建筑应该是指经历漫长历史一直留存的，并具有一定特点的建筑。①土家族传统建筑作为土家族文化的物质载体，存在于特定场所，反映了当地的风土和文化的空间概念。土家族传统建筑文化独特地表达了土家族对该场所的体验，蕴涵着独特的文化、历史和生态知识。由于全球社会经济文化的一体化发展，全世界的乡土建筑都面临着衰落与同化的问题。一种乡土建筑文化的消亡意味着一个小的人文生态环境的破坏，而大量乡土建筑文化的消亡则会导致大的人文生态环境的失衡，从而影响整个人类的人文生态环境。②

吴良镛先生在论文《建筑文化与地区建筑学》中提出"发掘文化蕴涵是繁荣建筑创作的途径之一"，"每一区域，每一城市都存在着深层次的文化差异，发挥地区文化特点是近代学者关注的课题之一"，"正是这种各具特色的地区建筑文化共同显现了中国传统建筑文化丰富多彩、风格各异的整体特征"。土家族建筑中延续千百年的传统地域建筑文化包含着土家族的集体记忆，蕴含着土家族独特的风俗习惯和民族情感。它承载着土家族独特的宇宙观和价值观，是中国多元文化宝库中不可或缺的重要组成部分。保护土家族乡土建筑成为保护土家族民族文化的重要内容。土家族是"建筑大族"，其建筑文化无疑在中国传统建筑文化中占据重要地位。

"聚落"一词的理解有多种含义。《史记·五帝本纪》记载："一年而所居成聚，二年成邑，三年成都。"《汉书·沟洫志》记载："或久无害，稍筑室宅，遂成聚落。"聚落一词从概念上讲，是指在一定地域内发生的社会活动、社会关系和特定的生活方式以及由共同成员所组成的相对独立的地域社会。它既是一种空间系统，也是一种复杂的经济、文化现象，是在特定的地理环境与社会经济背景中，人类活动与自然相互作用的综合结果。③

由此可见，聚落就是由居住的自然环境、建筑实体和具有特定社会文化习俗的人所构成的有机整合体。在传统的聚落环境中，特定的社会文化具有主导作用，它不仅决定了人们特

---

① 姚磊：《传统建筑现代表达之"言·象·意"》，山东大学硕士学位论文，2011年。
② 何泉：《藏族民居建筑文化研究》，西安建筑科技大学博士学位论文，2009年。
③ 胡平：《鄂西传统民居聚落影响因素分析——以利川市、咸丰县为例》，华中农业大学硕士学位论文，2008年。

定的生活态度及生活方式，而且支配、控制着聚落建筑的空间形式。①传统聚落是传统和聚落的合成词，是指传统型的聚落。

第一节　土家族族源

关于土家族族源的问题，在学术界一直存在着争议。学者们对土家族族源的看法尚未取得一致，观点主要有"巴人后裔说"、"江西迁入说"、"土著先民说"、"乌蛮之后说"、"羌人后裔说"等，其中以"巴人后裔说"较为普遍。②"巴人后裔说"由潘光旦教授提出，他的主要依据是：从建制沿革来看，土家族聚居区古代属于巴国领地；从历史发展线索来看，巴人在湘鄂川黔一带有一条清晰连贯的发展线索，即巴—蛮—夷—土；在宗教信仰方面，土家族人与巴人都崇拜廪君与白虎；在风俗习惯方面，土家族的摆手舞、跳丧活动与巴人有密切的关系；土家族的神话传说有很多与向王天子和巴人有关；土家族聚居地区考古发现了大量的巴文物，如虎钮錞于等。

1956年12月，潘光旦教授到湖北长阳县考察巴人文化，即认为清江是巴人的河，向王天子开辟清江与治理清江"有大禹之德"。《后汉书》、《晋书》、《水经注》、《长阳县志》等史料中都有关于武落钟离山的记载，有一个共同点是记载了该山有赤黑二穴，为巴族廪君之出处。《后汉书·南蛮西南夷列传》对巴人的历史有重要记载："巴郡南郡蛮，本有五姓：巴氏、樊氏、曋氏、相氏、郑氏，皆出于武落钟离山。其山有赤黑二穴，巴氏之子生于赤穴，四姓之子皆生黑穴。未有君长，俱事鬼神，乃共掷剑于石穴，约能中者，奉以为君。巴氏之子务相乃独中之，众皆叹！……廪君死，魂魄世为白虎。"③巴人发祥地是长阳武落钟离山，巴人以虎为图腾，以穴居渔猎为生，用原始民主方式，选举巴务相为廪君，组成以巴务为首的五姓氏族部落联盟。其后沿着夷水一边渔猎一边行至盐阳，又战胜了以虫为图腾的一个部落，壮大了自己的力量（夷水即清江，盐阳就是现在的恩施）。廪君在恩施立国，后又迁徙到川东建立了巴国。廪君在西迁川东之时，在鄂西留下了部分巴人，即现在的恩施土家族的先民。④

大部分学者都赞同潘光旦教授的观点，认为土家族是以巴人为主体，融合了其他民族发展自己的历史。到了隋唐时期，在湘鄂川黔边区形成了一个有共同语言、共同地域、共同经济生活以及共同心理素质的稳定的共同体，标志着土家族的正式形成。⑤

---

① 胡平：《鄂西传统民居聚落影响因素分析——以利川市、咸丰县为例》，华中农业大学硕士学位论文，2008年。

② 苏晓云：《社会转型与土家族社会文化发展》，民族出版社，2012年版。

③ 杨圣敏，丁宏：《中国民族志》，中央民族大学出版社，2003年版。

④《湖北文史资料》总第30辑。

⑤ 刘芝凤：《中国土家族民俗与稻作文化》，人民出版社，2001年版。

第二节 自然地理概况

一、地形

恩施土家族苗族自治州（以下简称"恩施州"）地处湖北省西南部，它位于我国阶梯状地形的第二阶梯东缘，属云贵高原东部延伸部分。恩施州自然环境复杂，绝大部分是山地，惯称"八山半水分半田"。穿过恩施州的山脉有武陵山、巫山、大娄山、巴山。此地域山峦起伏，沟壑纵横，河谷深切。境内具有多种特殊类型的地貌，地貌以碳酸盐岩组成的高原型山地为主体，兼有低山峡谷与溶蚀盆地，低中山宽谷及山间红色盆地。海拔最高处为巴东靠神农架主峰的大窝坑（海拔3032米），最低点为巴东长江边的红庙岭（海拔66.8米），相对高差达到2900多米。恩施州平均海拔高度为1000米左右，海拔1200米以上的地区占总面积的29.4%，海拔800～1200米的地区占总面积的43.6%，海拔800米以下的地区占总面积的27%。

二、水系

恩施州河流密布，水利资源非常丰富。全州水资源总量约为300亿立方米，平均年径流量为233亿立方米。恩施州岩溶发育强烈，暗河伏流多，地下水储量丰富。恩施州全州流域面积大于100平方千米的河流有45条；大于1000平方千米的河流有清江、酉水、沿渡河、娄水、唐崖河、郁江、贡水河、马水河、野三河，这九条河流在恩施州境内总长度为1154千米。清江为全州最大河流，发源于齐岳山，全长423千米，流经利川、恩施、宣恩、建始、巴东、长阳、宜都等七县市，在宜都汇入长江。清江流域地势自西向东倾斜，除上游利川、恩施、建始三块较大盆地及河口附近有少数丘陵、平原外，绝大部分是山地。

三、气候

恩施州属亚热带季风性山地湿润气候，气候温和、雨量充沛、四季分明、雨热同季、雾多湿重。此地冬少严寒，夏无酷暑，终年湿润。因地形错综复杂，地势高低悬殊，又呈现出极其明显的气候垂直地域差异，形成了具有地区特点的多样化、多层次的立体气候。州内气候资源具有以下五类特征：冬暖湿润的平谷气候，温暖湿润的低山气候，温和湿润的中山气候，温凉潮湿的高山气候，高寒过湿的高山脊岭气候。热量、温度随地势不同而差距悬殊，海拔落差大，小气候特征明显，垂直差异突出，"一山有四季，十里不同天"是本地气候的写照。恩施州境内年均气温16摄氏度，地处武汉和重庆这两大"火炉"之间，成为这些大城市的首选避暑之地，也是最适宜人类居住的地区之一。[①]

① 资料主要整理自：恩施州内部资料；恩施州、恩施市、利川市人民政府网站。

第三节 聚落与建筑形成的背景

张良皋先生对土家族民居的演变曾有清晰的论断："中国西南巢居体系的干栏若按与华夏穴居体系的民居融合的程度而言，很容易排成一个序列，即傣族木楼—瑷尼竹楼—侗族木楼—壮、瑶木楼—土家吊脚楼—华夏四合院。"这不仅说明了文化传播的大致方向，也说明土家族的吊脚楼的基本演变过程，同时也向我们传递出这样一个信息，即土家族吊脚楼的技术和艺术均已经达到了很高的水平。[①]

张家骥先生在《中国建筑论》中指出，民居建筑是社会生产发展到一定阶段，人们运用社会可能提供的物质技术条件，改造与利用自然，创造出适于自己生活方式的空间环境。民居的内容就是人们的生活方式，所以民居的类型就是要满足人们的生产生活的需要。社会的生产方式决定了人们的生活方式，生活方式不但要受到社会环境的制约，还要受到自然环境的制约，生活方式既包括人们的物质生活方式，还包括精神生活方式。[②]

一、复杂的自然环境

钱穆先生认为，各地域各民族文化精神之差异，究其根源，最先还是由于自然环境的差异，这种自然环境的差异直接影响着人们的生活方式，并由其生活方式影响着民族的文化精神。[③]

自春秋以后，恩施土家族先民一直较为稳定地生活于恩施武陵山区或大巴山系，这里山势险峻，地势复杂，长期以来交通一直处于闭塞的状态。清人顾彩在《容美纪游》中写道：土人"皆在群山万壑之中，然道路险测，不可以舟车，虽贵人至此，亦舍马而徒行，或令其土人背负。其险处一夫当关，万夫莫入"。这里虽然交通不便、地势险要，但同时却景色殊异，山高林密，森林等自然资源丰富。此地山峦峻秀，奇峰叠出，由于其主要地质条件为卡斯特岩溶地貌，大山中还隐藏着难以数计的洞穴。恩施土家族地区还有众多的河流，这里河流纵横、水网交织。恩施境内的河流水系在绝大多数时间都呈现水色清澈、柔媚诱人之态，仅仅是在夏季山洪暴发之时才会变得奔腾咆哮与浑浊。《水经注·夷水》记载："夷水即佷山清江也，水色清照十丈，分沙石，蜀人见其澄清，因名清江也。"[④]清澈柔美的水系与青山互相映衬，为在此地生活的恩施土家族人民提供了生活上的便利，也为土家族人民带来了与外界进行交流的天然通道。《来凤县志·风俗志》对境内水系的运输便利也有记载："邑之

---

① 罗仙佳：《鄂西土家族传统民居建筑美学特征研究》，武汉大学硕士学位论文，2005年。
② 杨晓：《人类学视野中的剑川白族民居》，民族出版社，2013年版。
③ 钱穆：《中国文化史导论》，上海三联书店，1988年版。
④ 胡炳章：《土家族文化精神》，民族出版社，1999年版。

卯洞,可通舟楫,直达江湖。县境与邻邑所产桐油、靛、楮,俱集于此。以故江右楚南贸易者麇至,往往以桐油诸物顺流而下,以棉花诸物逆水而来。"[1]水系的交通便利,为恩施土家族与其他民族的文化交流与融合创造了途径。

自然环境还包含气候条件。恩施土家族地区属于亚热带气候,四季分明,多雾多雨、温和湿润。山区地理情况复杂多变,每个区域由于海拔高低或者其他地势环境的不同,产生不同的气候。甚至在同一地区或同一座山这样的小范围,气候也有明显差异,当地有民间谚语形容得很贴切:"山高一丈,大不一样。"

稀缺的土地资源也是恩施土家族地区特殊的自然生存条件,由于境内多为高山地形,平地与缓坡较为稀少,有限的适宜耕种的平地资源都要优先满足基本的农耕需求,所以剩下来提供给建筑的优质用地很少,多为山脚缓坡或山腰等地形,甚至连好一些的缓坡也要被改造成梯田。在极为有限的建筑用地条件下,土家族人为了保证基本的居住与生存,在顺应地形的基础上对自然环境进行了充满智慧的改造,创造了与环境结合的独特的山地建筑形式。

二、农耕业与传统手工业的影响

恩施土家族地区一直处于山多田少的情况,但是有不少荒地可以开垦,元朝、明朝时期政府都很重视在恩施地区实行屯田制度。明朝政府除了实行军屯、民屯之外,还实行商屯,屯田制度将中原汉族地区的先进农业生产技术传入了恩施地区,推动了当地农业及其他经济产业的发展。

随着屯田制度的实施,汉族军民纷纷进入恩施土家族地区定居,汉族人口大量增加。土家族人对于土壤性能、作物习性以及农田水利知识都有一定掌握;他们按照地势高低的不同,引水灌溉田地;根据土壤的不同性质,种植不同的庄稼。土家族人对于犁地也有自己的经验,他们在平坝地带普遍使用牛耕。《恩施县志·风俗志》记载:"高低田地皆用牛犁,间有绝壑危坳,牛犁所不至者,则以人力为之。"[2]

经过元朝与明朝的屯田制度之后,中原地区的先进生产技术与生产工具都传入了恩施土家族地区,当地的农耕水平与执行羁縻制度的时期相比有很大的提高。在这种较为成熟的农耕生产条件下,土家族的基本物质生活获得了保障,土家族人在内心萌生了对修建新屋与改善居住条件的渴求,农耕业的发展与成熟也为土家族传统建筑的不断完善提供了物质基础。

土司制度时期,恩施土家族人实行刀耕火种的原始农业种植方式,土司制度阻碍了土家族地区的经济发展。改土归流之后,从土司制度下解放出来的土家族农民得到清朝政府的扶持,学会了种田、灌溉、积肥等先进技术,恩施土家族地区的农耕生产获得迅速发展。

---

① 胡炳章:《土家族文化精神》,民族出版社,1999年版。
② 周兴茂:《土家族区域可持续发展研究》,中央民族大学出版社,2002年版。

三、边缘文化环境的影响

土家族干栏建筑与聚落曾经遍布整个西南地区，到如今仅集中分布于少数地域，这个过程正是恩施土家族本土文化和外来文化以及周边文化相互挤压与碰撞的结果，土家族传统建筑文化区无论从区域地理位置还是从文化格局上看都有很强的边缘性，武陵山区位于渝黔湘鄂四省市的边缘，距离各省市的经济文化中心都比较远。[①]"边缘地带"的文化环境特征直接影响了土家族传统干栏建筑从外部形态到空间内核差异性的演变。恩施地区的干栏核心区是巴蜀文化与荆楚文化这两大区域文化的交接地带，是这两大区域文化各自扩张挤压以及交汇的结果。巴蜀文化以成都平原为中心将干栏建筑文化区向东挤压，荆楚文化以江汉平原为中心将干栏建筑文化区向西挤压，就刚好挤压到多山多峡谷的武陵地区。这个地区在历史上曾分属益州巴郡以及荆州武陵郡所辖。

《汉书·地理志》记载，武陵郡始自汉高帝时，王莽时改为建平，属荆州。其居民被称为"武陵蛮"，宋代时又按地名称为施州蛮、彭州蛮、溪州蛮、思黔夷等，即现在的"土家族"。明清以来，特别是改土归流后，在中央王朝移民政策以及人口压力等因素的推动下，大量汉族人在武陵山区"落地生根"。北部的施南府"久成内地，以致附近川黔两楚民人，或贪其土旷粮轻，携资置产；或藉以开山力作，搭厂垦荒，逐队成群，前后接踵"。由此可见，武陵山区的文化环境特征受到巴蜀文化和荆楚文化两大文化的双重影响，但是又与两大文化区保持了较远的距离，属边缘区域，因而得以保有本民族文化的本质特征。

四、土家族传统建筑发展演变历史

土家族传统建筑也经历了长期的历史演变过程。半干栏房屋在土家族地区历史悠久，它最早起源于古代的"巢居"，三峡地区的考古资料证明，这种形式的建筑从公元前4000多年的大溪文化开始演变至今，已有6000多年的历史。最早的"巢居"都是在森林里"依树为层巢以居"，以适应狩猎、采集或原始农耕生活。到了新石器时代中期，随着农耕经济的发展，人们逐渐走出森林，在平地上或斜坡上构筑居室，仍仿照"巢居"式样，用巨木离地数尺代替天然树木，并利用楼下空间饲养畜禽，"巢居"便逐步演变成"干栏"式建筑。"干栏"式建筑的发展，促成了穿斗式结构的形成，建筑构件组合形式由捆绑式样发展到榫卯结构，是建筑结构史上的巨大进步。

恩施土家族传统建筑的发展大致经历了五个时期，先后排序为：穴居—巢居—栅居—干栏—半干栏。

（一）穴居

"穴居"又称为"洞穴"，这类遗址在恩施地区发现也较多，如建始县高坪镇麻扎坪村

---

① 肖冠兰：《中国西南干栏建筑体系研究》，重庆大学博士学位论文，2015年。

的巨猿洞，这里出土过早期直立人的臼齿化石，考古界将此洞古人类化石称为"建始直立人"化石。另外，在与恩施州紧邻的长阳县黄家塘乡的龙骨洞，考古工作者们发现了著名的"长阳人"化石。恩施地区的洞穴遗址还比较多，历史也很久远，在距今200万年以前，"穴居"这种居住形式在恩施就开始出现。历史史籍中对此也有记载，如《易传·系辞》曰："上古穴居而野处"。《春秋命历年》记载："合雒纪世，民始穴居，衣皮毛"，"古之民，未知为宫室时，就陵阜而居，穴而处"。[①]恩施地区之所以有不少穴居，与当地岩溶地质以及多样的地貌条件有关。在利川鱼木寨，1949年前有120多户穴居户，20世纪80年代以后他们才陆续搬走，时至今日仍有人在岩洞中居住。在过去，土家族人常被称为峒蛮、峒丁、峒主，这都与土家族人的穴居习俗有关。

（二）巢居

"巢居"是将住所建在树木之上，因为形似鸟巢而得名。"巢居"在古代文献中记载较多，如《韩非子·五蠹》记载："上古之世，人民少而禽兽众，人民不胜禽兽虫蛇，有圣人作，构木为巢以避群害，而民悦之，使王天下。"恩施及湘西地区直到清末民初，乃至中华人民共和国成立初期，仍然存在巢居的形式。据光绪《龙山县志》记载："民居中数十家，或架树枝作楼，或两树排比作门户，至崖尽处则万树葱茏，环拥于外，若栏栅然。""巢居"是一种原始意义上的建筑形式，但是它比原始穴居又前进了一步，人们已经开始有意识地经营自己的住所。作为搭建在树上的"人字形"窝棚，"巢居"仅需要建造两个面，这也是"叉手式"结构的原型。"巢居"提供了能遮风避雨的"屋顶"的基本建筑技术，在掌握此技术之后，"屋顶"就可以搬到地面和栅居之上。[①]

（三）栅居

由于巢居选择天然树干与树枝作为住所的支撑，必定受到客观自然条件的束缚，不利于人们的生活交往活动。而随着社会的发展，土家族人已经学会了制造石器，能够将树木砍伐成木桩。土家族地区栅居形式的出现，标志着土家族民居建筑性质发生了根本性的改变。栅居使得土家族人建造房屋时摆脱了对树木的依赖，栅居实际是土家族干栏建筑的雏形。凭借栅居建筑地上木桩的支撑功能，土家族人能够真正自主地营造自己的居住场所。栅居带来了不少好处，一是人们可以自主选择较好的建房地基与栖居环境；二是可以根据需要灵活调整居住空间的大小；三是有了交往的自由空间，人们可以聚集在一起，村落聚居的思想也逐渐开始在心中萌发。

（四）干栏

《旧唐书》记载："土气多瘴疠，山有毒草及沙虱、蝮蛇，人并楼居，登梯而上，号为'干栏'。"张良皋教授曾将"干栏"、"穴居"、"幕帐"称作中国建筑的三原色，其中

---

① 朱世学：《鄂西古建筑文化研究》，新华出版社，2004年版。

"穴居"和"幕帐"都不大需要使用木材，而干栏建筑的主要材料就是木材，使用干栏建筑的人们，从最初在树上绑扎巢屋，到在近水的区域通过木桩搭建平台，以获得栖居的平面，又通过创造两个斜面的搭接平台，获取栖居的空间，在这些营造空间的进程中，发明了整个中国木构建筑得以成立的关键技术：榫卯。[1]马林诺夫斯基的文化"功能主义"认为"文化的存在是为了满足个体基本的生理、心理和社会需求"。早期的人类一定是彻底的"功能主义"者——解决生存问题是首要目的。如何以最简单的方式建造房屋？"人字形"窝棚这种实用的"文化"会得到流传。栅居的实用性和适用性都很强，因而能广泛而长久地流传下来。干栏建筑对中国的木构建筑体系影响深远，中国传统木构建筑体系正是从原始的干栏建筑基础上发展而来。[1]

还有一种"隐形"的干栏值得注意，土家族地区有一些建筑从外观看不出丝毫"架空"的特点，但内部却是地地道道的"干栏式"——底层完全是用来堆放杂物和饲养牲畜，人"登梯而上"至二层生活居住，这样的建筑当然要归入"干栏"的范畴。[1]

（五）半干栏

半干栏是一种"半楼居、半地居"的建筑形态，是干栏与坡地结合的一种独特的建筑形式，它在恩施地区十分常见，俗称"吊脚楼"。现在土家族地区已经很难发现全干栏的民居，因为半干栏的建筑形式更加适应目前生活与经济的需要。从干栏演化为半干栏建筑，为恩施土家族带来了新的好处：一是为民居适应山地环境提供了更经济的建筑结构形式；二是民居与地面的联系更为紧密，居民从楼上下到地面来活动会更加便捷；三是在保证建筑通风的同时，消灭了建筑吊脚多年风化带来的安全隐患，毕竟民居的半边木柱支撑体改为石材或混凝土会更为牢靠。土家族传统干栏演化为半干栏，满足了土家族居民新的居住要求，但是建筑形态轻盈自由的传统审美特征并未发生明显改变。

---

① 肖冠兰：《中国西南干栏建筑体系研究》，重庆大学博士学位论文，2015年。

第二章　聚落类型与规划布局

　　聚落是中国社会结构的基本细胞，很多城镇都是由乡村聚落发展而来，聚落不仅是社会基层物质文化的集中体现与联系自然环境、人文环境的中介，同时也是社会人群聚居、生息、生产活动的集结体。[①]聚落的形态也是社会历史风貌的反映，通过恩施土家族的传统聚落，我们可以了解土家族的历史与文化。

　　土家族是一个山地民族，其聚居的武陵山区地理环境的主要特点是：崇山峻岭、沟壑密布、溪河纵横，自然环境优美，自然资源极为丰富。正是这种独特的地理环境，使得土家族人对山有着特殊的情感，他们选择的居住环境多背靠大山，取有"靠山"之意；依山的同时还要傍水，即选择离水源较近的地方，或临江河，或靠溪涧，或居泉边。武陵山区被誉为土家族"母亲河"的清江、酉水及乌江等流域自古以来就是土家族的聚居之地。孔子曰："知者乐水，仁者乐山。知者动，仁者静。知者乐，仁者寿。"山水奇美的独特环境形成了土家族聚落独特居住环境美的基础。

　　按照不同的标准，土家族聚落可以划分为不同的类别。按照聚落聚合的形态可以分为密集型与分散型。按照地理环境来划分，土家族传统聚落则可以划分为四种最基本的类型：背山面水型、山中皇城型、军事防御型、平坝田园型。

第一节　聚落类型

一、背山面水型聚落——恩施小溪、五峰栗子坪、宣恩彭家寨

　　背山面水型聚落是土家族地区最为常见的聚落类型，土家族地区山多、河流多，为这种类型的选址提供了基本的自然条件。我们选取恩施市小溪、五峰县栗子坪、宣恩县彭家寨这三个聚落作为典型案例。

　　[①] 寸云激：《白族的建筑与文化》，云南人民出版社，2011年版。

（一）恩施小溪聚落

1. 历史概况

小溪属于二官寨村管辖，二官寨村位于恩施市盛家坝乡，东接恩咸公路，西与白果接壤，南靠麻茶沟村，北与龙洞河村接界。二官寨村下辖5个自然村，即二官寨、小溪、洞湾、旧铺和圣孔坪。二官寨村共有860多户家庭，村民3000多人。国土面积达37平方千米，平均海拔1000米以上。耕地面积5443亩（1亩约为666.67平方米），旱地3521亩，水田1922亩。"二官寨"的名称源于一个历史故事，据说康家两兄弟（康明达、康明逵）都任职朝廷，康明逵后来战死沙场，而康明达回归故里后曾与恩施县知事任海晏共断一桩争田界的纠纷案件，此地遂被称为"二官界"，后来因为匪患盛行而修筑寨子，又改名为"二官寨"。

小溪聚落有干栏式吊脚民居数百座，保存完好，式样丰富，这里还保存着巴蜀古盐道遗址。优美的原生态风光与土家族传统人文建筑使它们成为恩施州村寨旅游与传统文化建设的重点。小溪聚落距恩施市区约45千米，原为盛家坝乡的一个行政村，2002年并入二官寨村。小溪聚落共有胡姓成员100余户，共400余人，占小溪村组总人口的90%以上。据族谱记载，小溪胡氏源于安徽和州（今安徽和县），于明洪武二年（1369年）征蛮后留居湖南芷江，后移居恩施。小溪朝门大院建于清乾隆年间，是小溪聚落建筑群的核心。

小溪聚落的形成与巴蜀古盐道有关，它是巴蜀古盐道的一个驿站，小溪中坝又叫"店子湾"，此名源于当时胡家大院背后有一家供盐帮与客商食宿的店铺。这里被史学家称为"中国内陆最重要的文化沉积带"，盛家坝属于施黔大道要津，紧邻利川、咸丰两县，有两条入川盐道经过小溪。由于三峡地区有着丰富的盐业资源，恩施自古以来就分布有纵横交错的古盐道及商道，以元明清时期鄂西南地区的施南土司为例，当时对外陆路交通线就有四条，经过盛家坝小溪一带的线路是"施州—咸丰—来凤"，经过的驿铺为（施州西南行）南门、芭蕉、桅杆堡、天池、丁营坝、七里塘、唐崖、梅子、十字路、土老坪、革勒车、散毛、来凤总铺。这条路线是施州（恩施）出西南云贵地区的通道之一。[①]桅杆堡即小溪聚落所在地域，是离小溪村仅数千米的一个集镇闹市。正是古盐道促进了小溪流域的农业开发，明朝时期此地就已开始较大规模地改田造地，清朝以来的复垦，发展了以种养殖为主的农耕经济，形成了小流域的农耕文明。

2. 空间形态特点

小溪聚落与旧铺聚落的基本选址都位于河谷地带，这里地形相对平缓，气候温暖湿润，土家族村民在此依山傍水而居。虽然小溪聚落与旧铺聚落同属于二官寨村，也都是背山面水型聚落，但是它们的选址环境特点存在一定的差异。小溪聚落主要由小溪河中游组成，此外还包括河沙坝、茶园堡、三丘田等零散的三五户农家小院建筑，由小溪河串在一起。小溪聚落坐落于地势较平缓的河谷之中，这里的地形狭长而平缓，土家族民居自然而有序地分布于

---

① 同治：《施南府志》卷六，台湾成文出版社有限公司，1976年版。

山脚，由于山多田少，民居为了少占耕地尽量往山麓聚集。小溪聚落上坝、中坝、下坝三个建筑群距离河水都很近，这里还距离小溪河的源头瀑布不远，仿佛是一个完整的生态循环圈。上坝、中坝、下坝三个建筑群都是背靠山脉、面朝河流的选址形态，但是也有些许的差异。

中坝建筑群规模最大，这里共居住30多户人家，民居建筑距小溪河很近，最近处仅数米之遥。为了防水患，河岸边修筑了高约2米的河堤。中坝是小溪聚落的核心区域，胡家朝门大院便坐落于此。朝门大院建筑群整体位于山脚下，小溪在此形成"丫"字形的两条支流，一座"之"字形风雨桥便架于此处。河中心有一个大概300余米长、40米宽的冲积坪坝，成为村民与游客聚会活动的主场地。聚落东侧，与小溪河基本平行的一条小路通往上坝；西侧一条沿着山地蜿蜒盘旋的村级公路通往二官寨村委会及山背面的旧铺聚落。从山顶俯望下去，整个聚落处于小溪、村道及山脉、树木的环抱之中，形成一个较完整的巨大三角形地形。

上坝建筑群选址于小溪河的最上段，河两岸有面积大小悬殊的两块坪坝，西岸几乎全是悬崖，仅有上方一片狭长地带住有两户人家。东岸坪坝面积则比西岸的大数十倍，能保障居民有足够的耕地与建房地基。上坝距小溪源头瀑布最近，从茶园山顶可以远望瀑布从悬崖上的水洞中跌落。沿上坝的河岸上行1.5千米，河谷地势由开阔渐转为险峻。小溪河上游名为犀牛峡，长约5千米，这里地势幽深，两岸高山耸峙。由于上坝地理位置相对偏远，旅游开发程度较低，建筑形态保持得最为古色古香。犀牛峡有连环穿洞、千丈高瀑、溪涧绿苔等自然奇景。峡谷内有六处天然石潭，碧水如玉。

下坝建筑群位于小溪河最下段，此处有两座漫水石桥连接两岸。小溪河在漫水石桥附近汇成一个面积数百平方米的水潭，成为村民与游客的天然泳池。河北岸有一片面积数百亩的平整茶园，给人开阔的视野，茶园中耸立一座"撮箕口"形态的土家族吊脚楼，屋子为天然木色，屋檐起翘，成为打破茶园单调绿色的重要点缀。下坝土家族民居建筑有十多座，规模明显小于中坝朝门大院建筑群。寨子里新修的公共停车场便位于这里，乘车从此通过漫水石桥沿着村路爬升可以通往恩施城区。

（二）五峰栗子坪聚落

1. 历史概况

1914年前，栗子坪隶属长乐县，元朝以前为蛮地，属巴人，以白虎为氏族图腾，至今民间还流传着"白虎当堂是家神"摆手舞的词调。容美土家族可追溯到秦汉时期。栗子坪地处五峰与鹤峰之间，为容美土司属地，在秦汉时期就有人类居住了。相传骡马古栈道是三国刘备征川时派士兵开筑的，史称"官道"。

清雍正十三年（1735年）改土归流，容美土司上层完全解体，原居住在长乐县的容美土家族居民进行了大流放，世称"江西填湖广，湖广填四川"。栗子坪的土家族居民主要姓氏有李、张、施、车、文、尚、孙、邓、熊、唐等。[1]

---

[1] 五峰土家族自治县文化馆提供资料。

2. 空间形态特点

有俗语直观描述了栗子坪村的村落整体格局："栗子坪两淌，高山古村庄"。栗子坪村落位于独岭山脉北麓，海拔1200米左右，四面高山围护，形成一个天然小盆地。栗子坪村土家族民居有序分布于金顶山脚下和两淌之中，基本呈块状布局。金顶山为盆地四周最高峰，呈三层梯级环绕形态，因上尖下宽，形似一尊突兀的金顶而得名；村落所在山地两翼形成两条狭长的河谷，故称为"两淌"。石板路、红花玉兰、水井、池塘、古树、蝙蝠洞、天生桥、打子岩天坑、酒壶泉眼洞、梯田等要素构成了栗子坪村独特的生态环境。中国古代汉族传统建筑的方位大部分讲究坐北朝南，土家族建房也很讲究风水，善于根据当地具体地理环境与条件来确定民居的朝向。土家族传统民居的朝向一般是坐西朝东、坐北朝南，或者坐东朝西，唯独忌讳坐南朝北。栗子坪村村民选择河谷中较平缓地带作为基址，栗子坪村遂形成了块状与散点式结合的聚落布局，朝向也比较自由，灵活安排。聚落的民居形态多样，与地势巧妙结合。这里的土家族民居以"一"字形为主，并仁立着少数双吊式吊脚楼，聚落最高处还修建了一座仿土家族式样的现代民居。多座"一"字形民居排列在一起却并不显得单调，因为每座"一"字形土家族民居的结构与材料都有自身的不同特点。聚落中有不少民居建筑是后来新建的。后山沿着等高线分布有众多吊脚楼民居，各民居之间都保留了合适的间距。房屋顺山势逐渐抬升，形成有高度变化的视觉审美效果。整体看来，栗子坪村落格局完整。村中布局的绿林庭院、四合院、"撮箕口"形房屋等不同平面形态的古民居，是土家族传统民居建筑的典型代表。

五峰栗子坪村聚落（一）

五峰栗子坪村聚落（二）

"撮箕口"形吊脚楼

"撮箕口"形吊脚楼是由单吊式吊脚楼发展而来，并非一次建成，屋主首先安排堂屋的建造，然后根据"吊东不吊西"的原则建好东侧厢房，最后再建成西侧的厢房。单吊或双吊式住宅模式不是因为其所处地形不同而形成，而主要是根据土家族住户的经济状况与生活需要而定。"撮箕口"形民宅属于五峰县比较少见的高吊式建筑，其吊脚层支柱之间的空隙已被石块垒砌填充，成为新的居住空间，解决了主人家住房空间不够的困难。由于是高吊式建筑，为了防止高耸的支柱因时间过久而折断，可以通过垒砌石块来起到加固作用。

（三）宣恩彭家寨聚落

1. 历史概况

彭家寨位于恩施州宣恩县沙道沟镇西南部，村寨内土家族居民共有45户，200多人，大多数是从湖南怀化顺酉水迁徙至此地。清末及抗战时期的两次"川盐济楚"使这里成为重要的盐运通道，数次盐业移民的浪潮使这里的人口规模逐渐扩大，形成自给自足的小农经济生活模式，仅沿龙潭河两岸就分布着汪家寨、曾家寨、罗家寨、武家寨、白果坝等十多个土家族山寨，而盐业的运输和生产既是土家族人的支柱产业，也促成了彭家寨吊脚楼这一独特建筑形式的产生。

2. 空间形态特点

彭家寨的选址具有土家族村寨的典型特征。村寨前的龙潭河自东北向西南流过寨前。龙潭河属于酉水的支流，酉水流经湘、鄂、渝、黔四省市，是土家族吊脚楼分布最集中的地段。寨子位于"观音座莲"山体之右，观音山之下，它们依山而起，环山而建，寨子后面，奇峰叠起，修竹婆娑；沿龙潭河而上又有狮子岩、水鸿庙互相映衬，与下游邻寨汪家寨合称"二龙戏球"。站在彭家寨对岸公路上远眺，这个颇具规模的吊脚楼群展现着它震撼人心的视觉艺术张力。寨中十几个飞檐翘角的龛子沿着山腰依次排开。土家族聚落"聚族而居，自成一体"，寨子的布局一般以聚族而居为基础，形成相对独立而又彼此联系的山寨。彭家寨42栋土家族吊脚楼均依山绕水而建，方向大多为坐西北朝东南，每栋自成体系。吊脚楼布局自由，没有明显的中轴线，分割自然。吊脚楼顺应山形地势，鳞次栉比，错落有序，别具特色。寨中街巷空间紧凑、尺度宜人。

深入其间，会发现吊脚楼一般都是以一明两暗三开间作正屋，以龛子屋作厢房。有的厢房用上下两层龛子相围，形成三层空间。龛子下面的空间或用作通道，或用作仓储，或用于村落小道，或用于圈养牲畜。楼房内部及院坝通风较好，几乎闻不到牛栏猪圈的恶臭，夏天能保持干爽荫凉，适应了恩施地区夏季潮湿闷热的气候特点。张良皋教授称赞彭家寨为"人间仙居"，他在《乡土中国：武陵土家》一书中评述："彭家寨背山面水，两端各有小溪为界，用地完整，是鄂西土家聚落的典型选址。"在溪河对岸，可望见前后耸立的九个以上的龛子，还有十多个正屋尽端的山面龛子"钩心斗角"。

保罗·戴维斯说过："宇宙之井然有序似乎是自明的。不管我们把目光投向何方，从遥远辽阔的星系，到原子的极幽深处，我们都能看到规律性以及精妙的组织。我们所看到物质与能量的分布并不是混乱无序的，相反，它们是按照从简单到复杂的有序的结构排列的。"①

土家族聚落讲究居住环境中各要素的相互协调有序，讲究由远及近山峦构成有节奏的环绕空间；吊脚楼群顺应山势高低，呈现自然起伏，错落有致；与流动的溪水构成动静和谐的环境。恩施土家族聚落无论是风水环境的调适方面，建筑的体量方面，还是建筑的材料与质感方面，都与自然和谐统一。土家族民居位置多用风水术来选择，强调顺应自然的"天人合一"思想。土家族先民把对群山峻岭、激流险滩的恐惧与折服渗透在创建吊脚楼的体量和尺

彭家寨吊脚楼群

①[英]保罗·戴维斯：《上帝与新物理学》，湖南科学技术出版社，2012年版。

度上，完全依附在自然的山水之中。聚落建筑形式显现出的秩序不是机械统一，而是动态统一。

聚落建筑群的周边还有一些附属建筑，如铁索桥、凉亭桥与水府庙。龙潭河从寨前流过，河上有一座铁索桥将村寨与主要公路相连，铁索桥是彭家寨出行的主要通道，长45米，宽5米左右，桥的两头用铁链固定，桥面铺有木板，在进入彭家寨主体建筑群之前，游客也可以先体验一下这种桥梁的风情。凉亭桥位于山寨建筑群脚下一条名为"叉几沟"的小溪之上，此桥建于清同治二年（1863年），已经有百余年的历史。凉亭桥上覆盖有屋顶，内设有板凳可供行人休憩，桥的规模不大，仅能同时容纳数人而已，但是具备了风雨桥的基本功能。凉亭桥所用木材皆为实木，饱经风雨侵蚀，却依然横跨于小溪之上，为寨子内的村民提供了生活与交通之便利。水府庙建于清乾隆年间（1736—1795年），庙宇修建于河岸边的台地之上，规模较小，装饰较为简单，当时为寨子及附近百姓集体修建，目的是祈求上苍保佑。此庙宇后来因为地质灾害被损毁。

二、山中皇城型聚落——唐崖土司城

唐崖土司城虽然选址也具有背山面水的特点，但是它更具备自己的土司皇城特征，规模较大，布局遵循一定的衙属建筑规范，有别于普通的背山面水型土家族聚落，因此有必要单独归为一类。

（一）历史概况

唐崖土司城遗址位于湖北恩施土家族苗族自治州咸丰县西北唐崖河畔，始建于元至正六年（1346年），明天启初年（1621年）进行扩建，共占地1500余亩。据史料记载，明朝土家族"皇权"世袭到第18代土司覃鼎手里时达到鼎盛。明朝天启年间，覃鼎征战有功，声威远振，唐崖土司盛极一时，扩建了这座城。当时土司城南北宽三里、东西长五里，有四门，辖三街十八巷三十六院，街市繁荣，巷道井然。唐崖土司城遗址是国内保存较完整、地面遗存最丰富的土司遗址，该城历史上素有"荆南雄镇"与"楚蜀屏翰"之称。2015年7月，在德国波恩召开的第39届世界遗产大会上，唐崖土司城遗址成功列入世界文化遗产名录。唐崖土司城可以说是古代城池建筑的典型案例，而由于其特殊的少数民族的文化背景与地位，其城池营造又具有鲜明的地域特色。

唐崖土司城全景俯视图（资料来源于景区宣传资料栏）

唐崖土司城衙属区遗迹

唐崖土司城内土家族传统民居

"荆南雄镇"牌坊

（二）空间形态特征

唐崖土司城背倚玄武山，面朝唐崖河，前望朱雀，符合古代传统风水中"左青龙，右白虎，前朱雀，后玄武"的最佳位置要求。土司城是大方向朝东的，在建城之时土家族保持着"崇东"的原始信仰，崇尚太阳神，以东为大，反映了土家族的精神信仰与自然地形的完美结合。唐崖土司城充分利用地形布局，依山而建，整个城池的营建意在表达龟形山意象。土司城内等级最高的陵墓——土司皇坟位于该城中地理位置最佳之处，所处地形为山嘴突出状，称为"神龟探头"。玄武庙位于玄武山地形之尾部，其后为深陷的峡谷。该尾部呈两山合抱之势，其间有凸起的土堡，呈现二龙抢宝之势，亦为"神龟孵蛋"之意象。玄武庙背后种植了十八株大树（现存三株，均有四百年历史），是重要的风水节点，起到镇山护气之作用。从总体布局来看，二者形成龟形之势：皇坟为龟首之形，玄武庙为龟尾之形。龟象征着福寿，寓意吉祥。从古代城池的营造理念来看，土司城背有龟形山，与玄武相应，与风水上的吉相相吻合。土司皇坟后山间有一条道路，通向龟尾的玄武庙，蜿蜒如蛇，也作为逃生方向，与玄武意象充分吻合。[①]

唐崖土司城四周群山环绕，城址总面积约74万平方米，地形东西走向呈坡状，南北走向稍平坦。稍微懂点风水知识的人都能感觉到唐崖土司城址是一块风水宝地，它东临唐崖河，西倚玄武山，南北两面有贾家沟与碗厂沟相隔，天然形成一整片向东倾斜的缓坡；城四周有充沛的水源。翻过玄武山，便是山区宝贵的良田平坝。由此，土司城遗址与周围的山水共同构成了有机联系的整体自然格局，唐崖土司城三面环山、一面临水，中间还有一些小山包，形成一种整体的围合性，具有风水的聚气效应。虽然土司城四周山大林密，但是土司城遗址的核心区域却是坡度较为缓和，为城中人们的生活提供了便利。土司城背后靠山，可以抵挡冬季北来的寒风；面朝流水，使人们既能享受夏季南来的凉风，又能享受生活、生产之便利；朝阳之势，可以获得良好的日照；缓坡阶地，可避洪涝之灾；周围的树林植被，可以调节气候与涵养水源。可以发现，土家族人在土司城的营造中努力追求和表现人与自然的和谐，把人与自然的关系视为土家族生存与发展的本源命题。土司城的选址充分考虑了山、

① 王炎松，段亚鹏，何继明：《唐崖土司城格局初探》，《三峡论坛》2013年第5期。

水、树、石、地形等各种自然因素的动态组合，这不是机械的累加，而是形成相互关联的整体。土司城的自然环境形成了一个周期循环、动态生成的过程，这是一个不能分割的有机整体。

海德格尔将他所理解的自然称为现实之物的诗意基础，"自然"就是"诗意"。因为自然的本质就是无限性，而诗就是穿透有限而达到无限。那非片面的、无限的相互归属之整体就是自然，那种无限的关系的闪现就是美。吴良镛教授在谈到人居环境时指出：大自然是人居环境的基础，人的生产活动以及具体的人居环境建设都离不开更为广阔的自然背景；人居环境是人类与自然之间发生联系和作用的中介，人居环境建设本身就是人与自然相联系和作用的一种形式。无限性的自然成就了土司城选址的诗意基础，体现了土家族独特的自然观。

唐崖土司城的营造体现了土家族人与自然和谐相处、各得其所的自然观，自然世界能按照自身的本性适性地存在，而且还能依顺人们的意愿。它依靠土家族的匠心营造，形成了人类生命活动与自然环境系统的最为深广的生态关系，造就了一个独特的生动境界。唐崖土司城是土家族文化的物质载体，也是土家族民族文化的宝贵财富，土家族人与自然的和谐一致能给当代生态文明建设以深刻的启迪。

三、 军事防御型聚落——鱼木寨

（一）历史概况

鱼木寨地处巫山流脉与武陵山北上余脉的交汇部，境内山峦起伏，中部平坦，山地、峡谷、丘陵、山间盆地及河谷各种地形交错分布。钟灵山—甘溪山—佛宝山呈东西走向，横亘于市境中部，将全境划分为南北两半。四周有齐岳山、石板岭、甘溪山、佛宝山环抱。鱼木寨东南方距离利川城区约60千米，西北距离重庆万州区约50千米。利川境内河流密布，它是清江的发源地，也是唐崖河与郁江等河流的发源地。鱼木寨山体庞大，气势恢宏，四周悬崖峭壁，从寨子顶部至山脚高度达到600多米。据清同治五年（1866年）增修《万县志》载："鱼木寨山高峻，四周壁立，广约十里，形如鼗鼓，从鼓柄入寨门，其径险仄。"鱼木寨自古地势险要，绝壁如削，进出仅设置一条通道，即从南边寨门楼入，从北边三阳关出。闭塞的交通环境使得鱼木寨保留了丰富的土家族传统建筑文化，包括传统民居、古栈道、石板路、古墓葬群等。

从明洪武二年（1369年）到清雍正十三年（1735年），鱼木寨一直是军事要塞。改土归流后，它一直是土家族聚居地，现在寨内有9个村民小组，159户，约600人。鱼木寨气候为亚热带季风湿润性山地气候，冬无严寒、夏无酷暑，云多雾大，日照较少，雨量充沛，四季分明。由于此地山峦幽深，地势险峻复杂，因此形成明显的垂直落差，气候差异明显，属于典型的山地气候。海拔800米以下的低山地带，四季分明，冬暖夏热，年平均气温16～17摄氏度，年降雨量1300～1600毫米；海拔800～1200米的半高山地带，潮湿多雨，日照偏少，年平均气温12摄氏度，年降雨量1200～1400毫米；海拔1200米以上的高山地带，气候寒冷，冬长夏短，风大雪多，易涝少旱。

（二）空间形态特征

鱼木寨位于利川中部盆地以外的万山丛中一处突兀的山头，主要位于台面之上，台面海拔高度一般为1000米，相对高度差约为160米，鱼木寨总体地势为南高北低，从台面到周边地势呈现逐级跌落。山寨台面最高处为西南角寨门处，海拔高度为1284米，最低处位于北边鸡头沟与鸡头河相交汇处，海拔高度为572米，两地点高度差为712米。

鱼木寨南边入口处为一山脊，长约50米，宽不足2米，两侧皆为悬崖绝壁，此处形似瓶颈或鼓柄，因此当地人形象地称之为寨颈。在此鼓柄与鼓面的衔接部位，巍然耸立一座堡垒式建筑，堡垒大门正是入寨的咽喉要道，门上端雕刻着"鱼木寨"三个醒目的大字。鱼木寨的北出之门是三阳关，此处为后山三叠悬崖上的一个嶅口，一个卡门石头堡垒掌控着整个出口，出口外是险要陡峭的天梯石栈。出口两侧山峰夹峙，正面绝壁高耸。崖间古木参天，岩下溪涧奔腾，山泉清澈。在以往变乱动荡、匪乱丛生的社会环境中，防御型聚落的选址更倾向于险要地势，以作为安全的保障。陈寅恪先生曾说："凡聚众据险者，欲久支岁月，及给养能自足之故，必择险阻而又可以耕种，及有水源之地。其具备此二者之地，必为山顶平原及溪涧水源之地，此又自然之理。"

鱼木寨六吉堂外观局部（一）

鱼木寨六吉堂外观局部（二）

总体来说，鱼木寨城墙的形式主要有两种：一种是"依山就势"自由布局，一种是规则的几何形。"依山就势"自由布局的城墙，是充分利用险要地形以加强防御而产生的直接结果，城墙利用自然的地理高差，使城墙的相对高度大大增加，从而提升了聚落的防御性。这种形制在防御聚落中较多地采用。

四、 平坝田园型聚落——庆阳坝

（一）历史概况

宣恩庆阳坝位于恩施州宣恩县的椒园镇，地处渝、鄂、湘三省市边区交通要塞。庆阳坝处于群山环抱之中的山中平坝地，此坝由土黄坪的老寨溪冲击而成，总面积大约2.5平方千米。其东边是倒角山，西边是花椒山，南边是福寿山，北边是三水塘。改土归流前，庆阳坝是覃氏施南土司城寨的所在地，村民主要有余氏、侯氏及颜氏三个姓氏。庆阳坝作为商业交易场所的历史已有两百余年。至乾隆年间，庆阳坝凉亭街已经开始承担川盐济楚的商业运销重任。商旅由川东进入云阳、万县等地都需途经此地进行盐业和其他商品的贸易活动。庆阳坝凉亭街在繁盛时期曾聚集各类行业于此，包括衣食住行、杂铺、青楼、赌场等，还有戏班在此专门演出。

（二）空间形态特征

1. 带状分布

老寨溪从庆阳坝凉亭街所处的山中平坝自西北方向流向东南方向，两条支流分别是土黄坪溪和鹿角坡溪，凉亭式建筑群基本紧靠着溪流南侧分布，建筑群平面形态还是以长条矩形为主，并未呈现蜿蜒曲折的变化，这是为了方便村民在此街道赶集行走。凉亭街"临水"的特征也是为了满足土家族居民与外地客人对水源的生活需求。溪水北侧分布着大片农田，四面群山起伏。因此，在庆阳坝凉亭街平坝田园型聚落的选址模式中，其实还存在着面水背山的布局形式，这与恩施地区大多数背山面水的土家族传统聚落的选址布局模式仍然有相似之处。凉亭街总长度为500多米，宽度约20米，占地约1.8公顷（1公顷=10000平方米）。凉亭街临街建筑主要为木质结构，"燕子楼" 木构瓦房造型，街道北侧临近溪流的建筑采取吊脚楼形式。

凉亭街呈现"三街十二巷"的带状格局，街巷曲径通幽，两侧房屋檐角连续不绝，顺应地形与气候而形成土家族特色。凉亭街的西面入口位置曾建有关庙、戏台等建筑。由于西边场地比东面略宽敞，凉亭街往西延伸时一分为二，形成三条街道。主街道西段一分为二，与另一条西南走向的街道形成一定夹角。临街房屋皆为商铺，布局紧凑，以适应恩施山区的地形，能为村民节约宝贵的耕地。临街建筑单体在平面方向的进深并不一致，显现出土家族建筑具有的随意性，同时也形成了高低错落的立面空间，但是在变化中却呈现出一种建筑群的整体和谐。

2. "风雨街"的空间形态

"风雨街"是庆阳坝凉亭街最富有土家族民族风格的建筑，它与恩施州多雨多湿的气候特点有直接关系。庆阳坝凉亭街的"风雨街"由"干街"与"湿街"两个部分组成。"干街"是加盖了屋顶的街道空间,能为赶集的人们遮风挡雨,地面得以保持干燥,所以当地人称之为"干街"。同时干街也能为赶集的人们遮蔽夏日的太阳。"干街"覆顶的材质主要为青瓦,为了改善照明条件,土家族工匠还在屋顶上设置了一些透光的亮瓦,其分布较为密集,基本上是隔着一排青瓦就设置一排亮瓦,为下面的街巷提供了较为充足的自然光照条件。"湿街"与之相对,屋面保持敞开状,在天晴时能够更好地利用自然的采光,通风条件

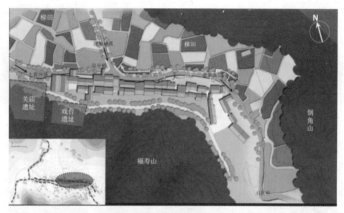

庆阳坝凉亭街总平面示意图（图片引自:唐典郁的华中科技大学硕士学位论文《鄂西南土家族传统聚落类型与空间形态研究》）

庆阳坝凉亭街"风雨街"（一）

较好。凉亭街两种街道的组合有三个方面的好处：第一是两类不同形态的空间交替出现，使整个街巷形态更加多样丰富；第二是在使用功能上分别满足了晴雨天不同的顾客需求；第三是干湿街结合之处形成一种过渡空间与场所，满足了赶集的人们聚集交流与歇脚的需要。庆阳坝凉亭街对侧屋檐的雨水通过水槽来接收并排放，此槽是将较大的原木挖空而呈凹槽状，雨水最后被排放到溪流之中。

庆阳坝凉亭街"风雨街"（二）　　　　　　庆阳坝凉亭街"风雨街"（三）

宣恩庆阳坝凉亭街屋顶俯瞰

第二节　聚落规划布局要素

　　土家族聚落的规划并不局限于网格的规整，而是显现自由的布局。与汉族血缘型聚落相比，土家族的聚落一般都没有设置寨墙进行围护，街道与巷子都不算规整。从聚落的整体格局来看，土家族聚落仍然具有井然有序的结构，聚落中有畅通的街巷、良好的水源与河流水系、合理的房屋规模与间距，以及举办各种活动所需的公共场地。

一、道路

　　土家族聚落道路构成了聚落的骨架与支撑，道路呈现层级的变化。主街道较少，一般一个聚落只有1～2条，巷道则较多，横向与纵向交错。在恩施地区，土家族聚落中的道路一般是在房子修好之后再修建的，房子修建好之后，依据人们日常的生产与生活习惯走出路线，再逐渐完善成为道路。过去聚落的道路主要是泥土地面或石板路面，现在由于国家进行新农村建设，大多数土家族聚落都修建了水泥道路。

　　由于恩施土家族聚落大多位于山地，地形的复杂造就了道路的三种基本分布形态，一种是与等高线平行，一种是与等高线垂直，还有一种是与等高线倾斜相交的形态。以恩施二官寨小溪村为例，村内最宽的一条道路沿着河岸分布，蜿蜒曲折，与等高线平行。胡家大院朝门处有两条一米宽的巷道基本与等高线呈垂直相交状态。此外，还有少数小道与等高线倾斜相交。这种多样化的道路形态构成了小溪村的内部交通体系。

二、沟渠

　　沟渠与街道相伴，整体来看，土家族聚落的沟渠都建造得比较隐蔽。恩施土家族聚落中的沟渠一般都是根据地势修建，沟渠的形态曲折变化，跟自然环境融合得比较好。沟渠以往多以天然材料筑就，如土、石块等材料，后来加入了水泥与砖块等现代材质，但是整体上仍然很注意保护环境。沟渠中的水比较清澈，一般都是山上或田间流下的水，土家族人的生活或生产污水往往不通过沟渠排掉，而是利用农田渗透法转换为天然肥料。

　　最具规模与智慧的以咸丰唐崖土司城聚落为代表，各种沟渠形成了一个整体的排水系统，从形态、建造技术、生态技术等方面，都显示了土家族人的智慧。唐崖土司城排水系统的设计与现代建筑群排水系统的完全不同，它巧妙地顺应了山地形貌，呈西高东低之势，其排水系统主要是城外两条自然沟壑——碗厂沟与贾家沟，它们分别位于北部与南部，此外还在城内顺着下河道修建有排水沟。主排水沟的主要功能是防洪排污，将土司城内各处汇聚而来的污水及天然流水排到唐崖河里。主排水沟上的贾家沟桥横跨在贾家沟上，该桥属于古代平板石桥，其沟底桥墩被巧妙地设计成东西分别长3米左右的优美半船形状，而且迎水面的船尖还可以起到分水作用，减小水流对桥梁的冲力。城内除了主排水沟外，还有沿着下河道顺势开凿的次排水沟，它们对山体与地貌环境的破坏程度非常小。这些下河道除了发挥交通作用之外，还具有排水引导的作用。人工修建的次排水沟位于下河道与道路两侧护墙之间，由于主排水沟通过的水流量较大，为防止洪涝期间水流对下河道道路的破坏，沟面的设计高度均低于下河道路基。

此外，土司城排水系统还设置有支排水沟与屋身排水沟，支排水沟的作用主要是将沿路铺设的排水沟穿过路面，导入其他排水沟。土司城排水沟还采用"明暗结合"方式来修筑，其明沟显露于地表，暗沟隐藏于地表之下引导水流，其表面覆盖有石板，与路面浑然一色。土司城内的排水系统由各类排水沟连接而成，以地势上的高差为依托，通过建筑、道路与城内各区域相衔接，将城内雨水、泉水等自然水系和居民生产、生活废水通过散流、漫流的形式汇集一起，最终排往唐崖河或城内指定地点，以便保证城内清洁与卫生。排水沟按水沟容水量分成主沟、干沟、支沟三级水沟。

土司城排水系统的修建巧妙利用山体自然高差，依照山势修建容水量不同的水沟，相互连接构成一个主次分明、纵横交错、简单实用的排水网络。土家族工匠巧妙利用了天然地势、地形设计与修造排水系统，反映出土家族人对土地神、山神、石神等的崇拜。土家族人没有对自然山体"大刀阔斧"地进行改造与修建，而是最大限度地保留了自然山体之原态，又实现了生活所需的功能，土司城排水工程与自然生态环境达到了一种高度的和谐统一。

三、民居

住宅属于村落的基本元素，也是聚落的主体。住宅的规模、方位、距离都会直接影响整个聚落的面貌。恩施土家族传统聚落的住宅分布跟平原地区的相比有很大不同，它的分布更加自由，更加体现了自然环境因素的制约与影响。

土家族传统聚落因为本身对自然的顺应，与自然的关系非常紧密，对自然的改造也很适度，力求不破坏自然。因此，相对于很多现代建筑来说，土家族传统聚落环境具有强烈的自然美特征，它的秩序美也偏重于一种自然秩序美。纵观土家山寨聚落，它以"顺应自然"作为拓展的基本出发点，"依山而寨，分台而筑"。房屋布局自由灵活，依山顺势，不求对称，没有固定的规划，没有明显的中心与边界，完全顺应自然地形、地貌。或是分阶筑台，临坎吊脚；或是悬崖构屋，陡壁悬挑。

土家族人不拘泥于汉族坐北朝南的建筑朝向传统，他们根据自身所处山水环境的自然特征、生活的便利程度来确定建筑的选址与朝向。咸丰唐崖土司城坐西朝东的方位选择与土家族人对太阳神的崇拜有关，土家族人认为太阳代表着"生"，土司城面对太阳升起的方向体现了他们对生命的追求。这种朝向也与土家族的生殖崇拜相一致，土家族人认为阳光能使万物生长繁衍。唐崖土司城"坐西朝东"的方向选择并非僵化不变，土家族人还可依山面水进行方向调适，这利于山水景观协调，且能使城池沿山势延展。另外，因为土司城处于亚热带与低纬度地区，日照较强，改变朝向对其采光需求影响也不大，土家族人从集热、采光、通风等多方面灵活安排其布局，以东为大。

土司城建筑朝向布局体现了土家族人在环境选择上适应自然、灵活变通的智慧，也反映了土家族人"万物有灵"的自然观。他们认为宇宙间万物都是有灵魂的，土家族人的自然观蕴含着在人与自然相适的前提下，他们对宁静和谐之境的满足。土家族人把房屋的建造与自身的发达同神灵和天意、地象紧密地联系在一起。土家族人的自然观还体现在人与神的相通相容之中，他们认为居住空间周围的山水不但是宇宙的表征，也是神灵的表征。唐崖土司城的建筑空间保持了与山水的联系，土家族人认为通过这些建筑实现了人与宇宙神灵的联通。土家族人将屋后的青山叫作"靠背山"，意味着他们心理上对山之依靠。东面长流不息的唐崖河象征着生命的绵长永恒。土家族人认为房屋不是单方面地处于自然的环抱中，宇宙也同时处于房屋的环抱中，唐崖土司城的营造使其在主观上与宇宙变得更亲近，人、城、天、地达到浑然一体。

四、水池与水井

聚落的形成离不开充足的水源，风水术认为水源与建筑结合才形成最佳的环境。除了靠近河水、溪流修建建筑，获取天然的水源之外，土家族人也在聚落内部人工修建一些水池，这也是出于风水方面的考虑。

唐崖土司城所在的玄武山属于鄂西南褶皱山系，为岩溶地貌，植被茂密，全年雨水充足，地表水转入地下后形成地下涌泉。据当地村民介绍，城内地下涌泉泉水常年不断，泉水可直接饮用，至今仍是当地居民生产、生活用水的重要来源。然而地下涌泉泉眼分布不均，出水量不等，并不能满足土司城内居民日常所需。城内有水井、水沟、塘坝等众多给水设施遗存，并形成以水井为主干、引水沟为枝干、塘坝为关键点的给水系统。[1]现就凿井蓄水、开沟引水、塘坝蓄水这三种供水方式进行介绍。

唐崖土司城暗沟

凿井蓄水式水井，泉水由岩壁或人工陡坎滴下，在泉水滴落处建水井蓄水。水井受地形限制，形状不一。井底及井身多为在基岩上凿刻而成，少数井身用青石条（块）砌建。井口处为防止水污染用青石板（块）遮蔽。水井大多未修建井栏、井台，部分井口外侧建有排水口，以便溢出的井水外泄。开沟引水式水井，泉水由基岩或土壤缝隙处往外涌冒，在泉水涌出处修建水井蓄水。水井形状为规则的方形，井底及井身用青石板（块）砌成，井口四周用青石板铺设井台，井台上有石块砌成的矮墙，部分矮墙尚存有棚盖，用来挡雨防污。塘坝蓄水式水井尺寸较大，水井（池）修有台阶通往井内，多数井口外侧建有排水口，以便井水外泄。[1]

石头上开凿的沟渠

---

① 康予虎，陈昊雯，孙喜：《咸丰唐崖土司城址给排水系统研究》，《三峡论坛》2014年第4期。

鱼木寨"自来水"井

唐崖土司城水池

五、耕地

恩施土家族耕地本身属于土家族生产与生活实践的产物，与自然环境和谐共存，具有明显的生态特性，而同时土家族顺应自然而形成的耕地的艺术性，推动了恩施土家族耕地实现其生态审美的艺术化。生态艺术性是环境的生态性与艺术性的融合。艺术是人类的审美活动走向独立与精纯的产物，也是生成更高的生态审美活动的中介与前提。纯粹艺术走向实用艺术、走向生产与生活，形成艺术审美的生态化，是生态与审美在更高平台上的结合，是构成自由的生态审美活动的重要机制。[①]

恩施土家族传统聚落的耕地主要可以分为三部分：一部分是聚落附近的大片梯田。梯田主要是作为聚落的外部景观要素，它的形态与生态质量直接影响着聚落的整体审美。另一部分是聚落内外的大小不等的零碎耕地，主要是菜地、玉米地等。此外，还有一部分是茶园，现在的恩施土家族聚落，茶园耕种面积逐渐增多，因为茶叶的经济效益明显比水稻或其他庄稼的好。

首先，梯田之美建立在生态性的基础之上。恩施土家族梯田景观建立在土家族稻作农业的基础之上，而后者采用的是一种自给自足的生产模式，梯田顺依山势而建，对环境的破坏程度很小，与自然环境形成一个整体。土家族人在梯田的开垦上也善于采取因地制宜的办法，在坡度缓和的地带开挖大面积的田地，在陡坡地带开垦小面积的田地。其次，梯田的生态艺术性还在自然之中融入了艺术的美学特征。在恩施地区，梯田的空间形态在高度与面积层面上都形成了丰富的变化。在高度层面上，梯田顺着山势自然地延伸，呈现一种自然的过渡，而无人为的牵引与拉伸形态；在面积层面上，顺应地势而形成的各块田地，形成一种错落有致、大小不同的艺术效果，突破了平原地区田地过于平均而产生的重复与单调形态。这种疏密与大小变化体现了国画构图的特点，具有传统视觉艺术的审美要素，只是梯田的艺术美是建立在生态环境基础之上的。

梯田的田埂由土家族人利用田泥手工筑就，近看形态生动自然，远观蜿蜒盘旋，顺着田

① 袁鼎生：《生态艺术哲学》，商务印书馆，2007年版。

地的走向与山势而延展变化，具有视觉艺术中的线条之美。土家族梯田的耕作者在尊重自然的过程之中创作了梯田、民居、溪流、森林这一整体相互依存的艺术杰作，他们的劳动就如同艺术家的创作一般，他们在山体上雕塑，在大地上画图，水田与森林、山脉形成了中国画作品中的干湿结合与虚实相生，皴法与泼墨技法结合。土家族人将大山与土地作为画布，犁与锄头作为画笔，清泉与溪流作为墨汁，泥浆与青苗作为色彩，在栖居的自然世界描绘出了动人的立体水墨风景，土家族人用生命与生存智慧创作了这幅作品。

一般来看，茶园在恩施土家族传统聚落中的种植面积比例仅次于梯田，甚至有的聚落茶园的种植面积都超过了梯田，成为聚落景观中的一个重要组成要素。茶树的形态特征是相对比较整齐，在恩施二官寨小溪村，茶树种植面积很大，在中坝与下坝较为平坦的地带，一片片平整的茶园成为聚落的点缀。在山坡地带，茶树与其他庄稼进行套种，各种林木、蔬菜与茶树混合在一起，形成了丰富的形态变化，也具有植物生态的多样性特征。

恩施土家族耕地的生态施肥方法对聚落的整体环境起到了很重要的保护作用，耕地具有土壤肥力平衡的生态智慧。早在先秦时期，《吕氏春秋·任地》就记载了因地制宜耕作的总原则："力者欲柔，柔者欲力；息者欲劳，劳者欲息；棘者欲肥，肥者欲棘；急者欲缓，缓者欲急；湿者欲燥，燥者欲湿。"[1]这段话里有谈到关于土壤施肥的智慧，即"棘者欲肥，肥者欲棘"，即贫瘠的土壤要增加肥料，而过于肥沃的土壤需要减少肥料，加入生土使得其性质保持平和。这实际上是维持土壤肥力的平衡性。

土家族传统聚落并不仅仅是指建筑本身，它还包括自然环境与农田环境，因而土家族的生态施肥与土壤稳定性的循环保持，都直接关系到传统聚落的发展与完善。土家族传统聚落的稳定存在依赖于其所处自然环境的健康与有序循环更新，农耕用地的地力状况直接关系到土家族传统聚落的整体形态与审美感觉。

耕地

茶园

---

① 罗顺元：《中国传统生态思想史略》，中国社会科学出版社，2015年版。

六、林木

恩施土家族人在选择聚落地址时也很重视附近的山林环境，山林成为聚落整体布局要素中的重要一环。土家族人认为"山之血脉乃为水，山之骨肉皮毛即石土草木"。恩施土家族聚落有保留风水树的传统习俗。对恩施土家族人来说，树是人的一种形象化，土家族人认为可以用树来形容人的生命与发展，树木的繁盛象征着人的生命旺盛，这是土家族人的一种精神寄托。土家族村口种植风水树，起到了遮挡视线与引导进入方向的作用。

土家族人崇拜的树主要有三类，一类是古老的大树，一类是果树，一类是开花的树。在土家族人心目中，古树具有神性，因此对其崇拜有加，土家族人认为古树或者是神灵的居所，或者有灵魂的依附。据《泸溪县志》记载："土人相传，丛阳潭有楠木神，每遇大旱，约百十人划船杀狗，绕江祭祷。辄有红光烛天，雷电交作，风雨骤至，俄而散。"[1]土家族人相信树神既能给人带来福报，又能降灾祸于人，因此将古树视作村寨的守护神。在恩施，有的土家族聚落甚至保留了大片的古树林，禁止村民砍伐，亦不准在古树林中说亵渎神灵的话语。这种禁止措施与对古树林的崇拜对聚落林木生态环境实现了很好的保护效应。

水杉古树

---

① 胡炳章：《土家族文化精神》，民族出版社，1999年版。

第三节　聚落风水观

风水术，又称堪舆、相地术等。"风水"一词始见于东晋郭璞所著的《葬经》："葬者，乘生气也。经曰：气乘风则散，界水则止，古人聚之使不散，行之使有止，故谓之风水。"风水术中包含了这些元素：风——空气流动的现象；水——水流；气——地气与空中肉眼看不见的气。此外还有龙、砂、穴、水、坐向等重要内容。先贤云："卜筮不精，荼于一事；医药不精，害于一人；地理不精，倾家灭族。"[①]

恩施土家族人在聚落选址上崇尚"物华天宝，人杰地灵"，他们认为自然现象都和人一样有"灵气"。恩施土家族传统聚落的环境绝大多数是依山傍水，靠近水源，"以山水为血脉，以草木为毛发，以烟云为神采"。"天人合一"观念是其选址与布局形态的观念支撑。土家族人对聚落选址、建房方位和地基的选择都很讲究风水。

一、"龙脉"原则

土家族先民在聚落择址上讲究山的来龙去脉，塈能藏风纳气，聚落后方要有靠山。背靠众山之"势"，即山脉都朝着一定方向，主脉两侧有余脉，呈环抱之势，谓之"气"。

风水视山脉为"龙"，"觅龙"就是观察主山山脉的走势。"龙脉"也是土家族人建房十分注重的因素。土家族人建造房屋，十分讲究屋场的选择。在未动土之前，先要请风水先生架罗盘看或观龙脉走向。在恩施土家族人心目中，宅基的"龙脉"不仅指周围山脉的走向或气势，更主要的是指山脉中所具有的能使居住者家业子孙兴衰的某种神性的精神。风水中以枕山面水为吉，因为"山管人丁，水管财"，水意味着聚气又生财。[①]这在恩施土家族传统聚落的选址环节体现得很明显。以恩施市盛家坝二官寨旧铺聚落为例，其背枕主山龙脉，此山形蜿蜒起伏，龙脉枝干延绵护衬，山上草木繁盛。还讲究"砂"，是指前后左右环抱的群山，"察砂"即审察山的群体态势，重视砂山对主山的屈从状态。风水中的"穴"指聚落布局核心的基址所在，"点穴"即要确定好聚落的核心位置。

二、"得水为上"原则

土家族人深知水的重要性。土家族人认为"山之血脉乃为水，山之骨肉皮毛即石土草木"。土家族俗语曰："山管人丁水管财。"水是农业生产之命脉。水源不仅是生态环境

---

① 商守善：《土家族民居建筑艺术、建房习俗、空间观念及神化现象》，《湖北民族学院学报（哲学社会科学版）》2005年第1期。

的构成元素，也是人类生存、发展不可或缺的基本物质条件。土家族人认为聚落风水须观山形，亦须观水势，甚至"未看山时先看水，有山无水休寻地"，"风水之法，得水为上"，等等。《汉书·晁错传》记载："相其阴阳之和，尝其水泉之味，审其土地之宜，观其草木之饶。然后营邑立城，制里割宅，通田作之道，正阡陌之界。"《葬经》中指出了风水的选择标准："来积止聚，冲阳和阴，土厚水深，郁草茂林，贵若千乘，富如万金。"一些村落或富户的大宅前多设"风水池"，又称"龙池"。[①]

土家族人把水视为山的血脉，在传统聚落选址中很重视对水的形态与水势的考察。土家族人首先关注寻觅理想的水势，即萦迂环抱的水势。同时讲求水口的"天门开，地门闭"。还注重理想的水态与水势，并且对水质也非常讲究。旧铺河色如碧玉，清澈透明。恩施土家族聚落的河流大部分水质纯净，这也是风水师经过了"观水"实践选择的结果。根据现场考察，旧铺聚落坐落于河边凸出的山坡上，而没有选择坐落在凹陷的坡岸上，以防止河水冲刷凹陷的河岸，这样的选择具有环境安全意识。

三、聚气原则

在古人的风水观念中，阳宅建筑的环境模式是以"气"和"聚"这两个概念为核心的，"气"而能"聚"的环境都是吉利的。"气"的内涵通常是模糊的，有时它指物质的气，如空气、风等，有时则可以解释为五行之气、阴阳之气、衰旺之气等。"聚"这个风水概念内涵也不确定，有时它指四周高中央凹的风水环境为吉利的"聚局"，有时又指围绕一个中心组建的建筑群为风水"聚局"，更不可捉摸的是它有时又指某种神秘的精神为风水"聚局"。[②]

恩施土家族人也很看重"气"，认为"气"会影响居住者的运势。阴阳之气结合则生成宇宙万物。恩施土家族人选择蕴藏"气"的地方作为理想的聚居地。他们追求居住环境中各要素的相互协调：由远及近山峦构成环绕的空间；流动的溪水构成动静和谐的环境。并强调环境区域外部环境的临界处比较狭窄，利于藏气。他们认为普通居民的住房在选址上，气势不宜过大，否则，居民难交好运。恩施土家族人认为山脉的形态走向、水的形态与位置以及外部边界的状态都会影响到聚落的聚气效应，这是一个综合的复杂过程。风水中不仅仅是有水即可，还要考察与关注水的形势。虽然从整体上来说，水能起到聚气作用，但是有的水利于聚气，有的水不利于聚气，这也是有区别的。恩施土家族人在传统聚落选址时都很关注对河流形态的考量，聚落所傍的河流都是曲折环流，而且弯曲度较大。由此表明，土家族风水非常注重水的曲线形态，土家族人希望水能够为聚落藏住"气"，留住"财"。

① 梁译文，朱向红：《湘西土家族聚落文化探析》，《广东工业大学学报（社会科学版）》2011年第4期。

② 彭松乔：《诗意栖居：中国古代住宅建筑风水观念的生态美诉求》，《江汉大学学报（人文科学版）》2005年第3期。

四、方位原则

　　在聚落文化中，风水逐渐渗透于当地人们的思想中，并与民间审美观念糅合在一起，对建筑布局产生了一些影响。如采用"合八学"是恩施建房民俗的重要习惯，到现在有些地方建房还使用这个方法。土家族擅长风水术的人士以罗经来定方位，结合屋主家主要成员的生辰八字测算，来确定房屋的具体方位。对于平行于等高线布置房屋的村落，多数住房在总的方向为坐北朝南的情况下，向东或向西偏转一定角度，使住宅的布置既有规律，又灵活多变。其偏转角度均不大，恰与现代居住区规划中提出的最佳朝向范围相吻合。立向，要使龙、穴、砂、水综合成最佳格局。风水学中认为，好的立向可以使山水锦上添花，使不太好的山水化险为夷；立向不好，则不利于人的发展。恩施土家族人在立向的时候，还要请风水先生结合屋主人的生辰八字，对住宅的朝向、高低、出入口等进行精心规划。土家族民居朝向通常不选坐南朝北方位。恩施土家族人对安装门这件事也极为重视，他们相信房屋的门可与天地造化沟通。

第三章 民居建造材料、工具、仪式与过程

恩施土家族传统民居的建造过程与建成仪式中都蕴含着丰富的精神文化内容，土家族民众借助带有原始信仰的建房仪式满足自己对居住精神功能的需求。民居建造仪式还体现了土家族民众与自然之间的一种和谐关系。土家族建房仪式虽然表面上看来只是个体住户改善居住环境的活动，但是这个活动实际上发动了整个村落大量的群众来积极参与，大家在帮助屋主的劳动过程中相互交流，相互协作，也体现出高度的团队精神，从而增强了村落的凝聚力。

第一节 建造材料与工具

一、吊脚楼选材的基本特点

恩施地区森林覆盖率很高，各种木材产量大。土家族居民最常用的建筑用木材多为杉木，它具有生长快、树干笔直、结构均匀、质地坚实等优点。各种木材具有自身的特性，土家族人在长期的建造实践中，掌握了各种木材的习性，并将它们用于吊脚楼的不同部位，发挥了它们的不同优点。

木材在土家族吊脚楼中所占比例很大。土家族人生活的地域都是崇山峻岭之地，林木资源丰富，土家族人在长期的建筑实践活动中不断积累经验，对各种木材的属性非常熟悉。房屋的各种结构对所选用的木材都有一定的要求。吊脚楼的柱子是房屋的承重构件，直接关系到房屋的安全问题，因此土家族人在选择柱子的木料时尤为慎重，选料的基本要求是没有虫蛀、没有腐烂、没有开裂与结疤，此外柱子木料还要求比较笔直。杉木与枞木在所有树材中比较符合柱子的这些要求，土家族人选择这两种树最多，其次还选择一些比较硬实的杂木。吊脚楼的其他木质构件也有一定的要求，比如木地板、木楼梯、梁木都是承重的部位，也需要比较结实的材质，一般选用杂木。椽子、檩子、枋木等由主人根据需要自己选择，但是一般还是以杉木为最佳。

以彭家寨为例，当地土家族居民根据不同的地形、气候和生产条件，探索出了适合本地居住环境条件的建筑形式与方法。土家族人对建筑材料与吊脚楼结构的选择与设计，都体现出他们对自然环境的崇敬和依恋之情。土家族民居充分利用当地自然资源，就地取材。彭家寨所处武陵山区盛产各种木材，土家族吊脚楼多选用杉木，很少用其他木材，因为杉木具有

很多优点：产量大、质量好、树干直、木质细腻、防虫防蛀。选用木材作为建房材料还具有其他材料不具备的优势：第一，木构架的结构具有良好的安全性，还具有明显的隔热、保温以及节约能源的作用。第二，木构架造型灵活，便于维修，还可以循环回收利用，具有环保功能。建房木材还利用桐油进行保护，"金丝桐油"是其代表。桐油是一种优良的带干性植物油，具有干燥快、光泽度好、附着力强、耐热、耐酸碱、防腐等特性，土家族吊脚楼的木材上刷上桐油后，更耐用和美观。恩施地区山脉众多，可开采石材品种丰富，产量大。彭家寨吊脚楼选取本地优质天然石材作为建房材料。常用石材以花岗岩为主，砌筑台阶或铺地面，或做石头基座，石头质地坚硬细腻，防水耐水、耐腐蚀与风化。条石修筑的路面与台阶、地面，坚固耐磨、防水防滑，天然环保。而在起支撑屋体作用的吊脚楼木桩"腿"下的石基，与木材完美结合，不仅美观大方，还发挥着防潮、防水的功能。

屋顶一般都是使用青瓦，与木质构件形成了一个很协调的搭配，一般都是用黄泥或白沙泥在本地的瓦窑烧制。瓦片形状最为常见的是拱形，其次还有平的与半圆筒形的等。一正两厢的吊脚楼所需青瓦数量大概是两万到三万匹，土家族流传的一句话"万瓦三间屋"即对此房所需瓦片数量的描述。青瓦的铺装比较麻烦，不仅对技术要求高，而且每年还需要捡拾整理。但是青瓦具有自己的优势，它是陶质材料，所以很耐太阳暴晒与风吹雨打，往往可以使用数百年。现代工业瓦由于价格低廉，形态时髦，铺装方便，不用反复捡拾，于是人们开始在土家族地区使用，然而在耐用性上无法与青瓦相比。土家族人还直接将自然的材质——杉木皮铺在屋顶上，一般是铺装在屋顶的边缘地带。土家族吊脚楼的主体木构材质还需要和石材搭配，屋基、礅墩都需要用石材。

杉木皮

二、建造工具

恩施土家族地区有民间谚语："手巧不如家什妙"、"三分手艺七分家什"。它们都说明了好的工具在传统建筑建造中的重要作用。恩施地区土家族传统民居的木工工具一般可以分为两类：粗家什与细家什。这两种工具在修房屋过程中承担的任务有"粗"、"细"之分。在土家族建筑兴建过程中需要进行主体性与结构性施工的工具称为"粗家什"，而在细节美化与装饰方面需要用到的工具称为"细家什"。

恩施地区土家族吊脚楼的"粗家什"还可以分为度量工具、画线工具、加工工具与支架辅助工具等。度量工具有弯尺、

青瓦

角尺、样板等。角尺是用质量很好的木料制成，主要用于测量非直角。弯尺也叫直角尺，是对木料画线与打孔时最常用的木质工具，上贴有牛骨片。[①]

画线工具主要有墨斗与画扦。墨斗是土家族木匠自制的工具，它包括墨仓、墨线、线钉三个部分，适用于画长直线。土家族木匠甚至相信墨斗中带有神灵的影子，对这种工具显示出了一种精神上的敬重意味。画扦是用竹子制作的，蘸墨水后可以用于画线做标记，起到了笔的作用。土家族木匠常常将画扦与墨斗放置在一起，它们被作为一个整体来使用。支架等辅助性工具一般有木马、罗盘、响锤、滑锤等。木马又称作三脚马，用于支撑与固定需要加工的木料。木马的高度可以根据需要调节，木匠师傅一般根据自己的身高进行调节，木马高度一般占木匠身高的五分之二左右，方便木匠进行加工作业。

"细家什"工具主要包括斧头、钻子、凿子、锯子、刨子、锤子、油斗等。斧头又被土家族人称为"猫子"，既可以砍又可以削。[①]斧头看起来很粗重，但是土家族村寨里一些技艺高超的木匠仅用斧头就可以砍削出一个个精致的瓜柱。钻子又叫手钻，用于给木料钻孔。凿子用于给木料打眼，分为荡凿、洗凿、圆凿、方凿等多种类型。刨子用来将木料的粗糙表面刨平整，还需要用油斗擦拭，使刨出的效果更好。

墨斗和弯尺　　　　　　　　　　　　　凿子（一）

斧头　　　　　　　　　　　　　　刨子（一）

①谢一琼：《土家族吊脚楼——以咸丰土家族吊脚楼为例》，湖北人民出版社，2014年版。

凿子（二）　　　　　　　　　　　　　　刨子（二）

第二节　民居建造仪式和建造过程

土家族人在建房的过程中会举行一系列的仪式，这是土家族思维的一种再现。土家族的建房仪式歌又叫"福事歌"，它带说带唱，有一种恭维的意义，实际上是土家族人维护自身生存的一种特定的方式，它具有实际的作用，一可以调节与活跃劳动场所的氛围，二可以对建房主人的心理产生安慰作用。如伐木歌唱道：

木王木王，你生在何方？你生在青龙山上，长在老龙头上。何人叫你生？何人叫你长？地脉龙神叫你生，露水茫茫叫你长。你生得枝对枝来叶对叶，乌鸦过路不敢歌，李郎过后不敢伤。鲁班先师神通大，拿把斧头站两旁，一截拿来穿排落眼，二截拿来上架做枋，只有三截生得乖，乖又乖来行又行，留与主家做栋梁……

一、择基

恩施土家族方言称选址为"选屋场"或"选廊场"。土家族"选廊场"很注重风水，认为房屋的位置与朝向会直接关系到家族的兴旺与否。土家族人在房屋动土之前要请风水先生架罗盘观龙脉，测定山势的吉凶。"选屋场"讲究依山就势，以"左青龙、右白虎、前朱雀、后玄武"为风水宝地。土家族人"选屋场"讲究"交通便利，柴方水圆，耕作方便；向阳开阔，地基牢靠，地势相对平坦"，他们还相信"住者人之本"、"地善苗壮"、"宅吉人荣"等风水俗语。他们对屋场的选择基本讲究依山面水、地势高低适中，这是大的方面。而从具体方面来讲，屋场要位于山体厚实、左右没有沟壑之地。若遇沟壑之地，土家族人会采取补偏救弊的措施加以改善，例如在房前屋后种植竹木，增建厢房等。土家族人"选屋场"有不少禁忌，如忌讳房屋对面是白岩山（即不长草木的光秃山脉），认为这会使得后生成为"白毛";忌讳房屋前后空虚,因为土家族有"前空后空,不出寡妇出寡公"的说法。[1]

恩施土家族地区山多地少,土家族传统聚落往往选择一个依山面水、视野较为开阔的环境。这种环境不仅具有安全感与美感,而且便于生产与生活。土家族人一般不会在山脊上或者悬崖峭壁的环境修建吊脚楼,这种险要的环境一般为少数古庙、旧塔,或军事建筑所用,土家族民居一般都会避开这种险境。笔者考察发现,恩施地区的土家族传统民居一般都具备优良的环境条件,要么背倚山坡,面临溪流;要么山环水抱,竹树掩映。

二、造屋场

土家族屋场选址一般是悄悄进行,以防其他人争抢宝地。完成选址工作以后,马上进入修建屋场的步骤,恩施土家族方言称之为"打屋基"或"打屋场"。 屋基是房屋的基础,是土家族吊脚楼主体建筑的落脚之处,它直接关系到房屋稳固与否。

"打屋基"包括下面这些具体的环节。

(一)祭山(敬山神)

"打屋基"需要占用山地,为免冒犯山神,土家族人要祭祀山神,以征求山神的同意。"祭山"也叫"压码子","祭山"仪式一般由掌墨师傅主持,祭品一般是用鸡、猪或羊,但是忌讳用牛,因为土家族人认为牛是被天神派来人间帮人干活的。此环节一般由专业人士完成,但是有时也请比较内行的工匠来主持。

(二)定向

"祭山"仪式结束以后,由主人所找的风水先生架罗盘看风水,确定房屋的朝向。恩施土家族人看风水注重观测山势吉凶,以求为房屋选定一个吉利的朝向。为了求得房屋方向正,土家族人还重视房屋朝向是否与主人的"八字"相合。[1]由于现在恩施地区从事风水先生这一行的人日益稀少,"定向"时,主人会找本村较懂风水的村民发挥风水先生的职能,甚至由屋主自己来"定向"。土家族村民若不请风水先生、不用罗盘,仅凭借日常生活经验也能大致完成"定向",比如土家族人通过看喜鹊筑巢或屋梁上燕子筑巢的开口方向来推断房屋朝向,认为这些吉利动物巢穴的朝向代表着吉利方位。

(三)破土

方向定好以后,就开始了建造屋基的工作,其中又包含了一系列的子环节。

1.择时。开始破土之前需要选取一个吉利的时间。"择时"需要综合考虑屋主的生辰八字、所选屋场的环境状况以及建房屋的大致时段,最终确定破土的大吉大利的时间。

2.请工。土家族人对建造屋基的人员也有一定的要求,除了专业技术上的要求之外,还要选择生命力旺盛之人与福德双修之人。为了求得生命力旺盛的好兆头,屋主还会组织一些小孩子到工地,象征着这个屋场有生气,可以"发人"。

---

[1] 萧洪恩:《土家族仪典文化哲学研究》,中央民族大学出版社,2002年版。

3.生火。在场地生火有两个原因。一个原因是用于照明，因为"打屋基"选择在阳气始生之时，天还未亮。另一个原因是象征着主人搬入新家以后会带来兴旺（火旺）。

4.破土。土家族人在此环节一般选取村寨中德高望重之人首先挖第一锄土。有些地方则是用水牛来驾犁破土，牛角上还要系上红绸带。

（四）释异

此环节的基本含义是：在建房子的过程中有可能出现一些比较奇异的或者变异的现象，例如在挖土的过程中可能会挖到一些动物或者异物。此外，由于恩施地区的一些地域属于卡斯特地形，因此也会有挖到溶洞或天坑的可能性。在遇到这些情况时，需要建房者随机应变地对之加以封赠，如挖到田鼠，就会说："尽吃细粮，儿孙满堂。"

三、定法稷

"定法稷"环节实际上就是确定房屋的修建计划，土家族人也称之为"造法稷"。土家族传统民居有不同样式与规模，根据经济条件的差异，有的人家只修建正屋，有的修建转角屋，有的较为富裕的人家还修建朝门与四合院。如利川鱼木寨很多富裕地主大户，都修建有四合院与朝门，甚至有多个四合院。

四、伐木

伐木也有一系列的程序与要求。

（一）祭鲁班与山神

土家族木匠以鲁班为祖师爷，他们在从事每一项修造工作之前都要祭祀鲁班，还要祭祀山神。土家族木匠上山时会携带一些祭品，在大树下对山神进行祭拜。

（二）求太阳神

土家族木匠在砍伐第一棵树木时使树木倒向东方，以求获得太阳神的保佑。土家族人崇拜太阳神，认为它是保佑阳间之神。

（三）伐柱

土家族人对砍伐树木也有规定，要求树木倒向山顶而不能倒向山脚，树木倒向山顶，寓意是家庭步步高升。

（四）偷梁

偷梁有特殊的寓意，被偷的人家不仅不生气，还会表示支持，因为这象征着被偷人家屋梁的高贵。此程序也分为几个环节。

1.选梁木。土家族人一般选择能发子树的双叉杉树，此种树木用于屋顶核心，寓意是主人家庭兴旺发达。有的人家也选择小树枝较多的椿树作为梁木，椿树的寓意是家庭"春常在，子孙旺"。

2. 择时。木匠选好梁木以后，还要选择吉时去砍伐树木，讲究三不原则：一不亏欠屋主；二不亏欠树主；三不亏欠木匠自己。

3. 祭梁。砍树以前，还要准备红绸子与酒水等物，举行"祭梁"仪式。

4. 偷梁。即砍伐梁木，对梁木的倒向有讲究，土家族人选择让其倒向象征生命的东方。

5. 闹梁。梁木砍倒以后，大家围着梁木跳舞，放鞭炮驱邪。

（五）立马

立马又称为"安滚马"，众人将砍好的木料运到新屋的屋场之后，再放置在"滚马"之上。"滚马"即土家族木匠的工作支撑架，木料放在上面可以自由翻滚便于工作，因此叫"滚马"。此环节也是由总掌墨师指导进行。

（六）起造

立马之后，将木材放在滚马上进行加工，此过程即为起造。土家族掌墨师的水平与经验都很高，他们必须对整个环节与步骤做到胸有成竹。整个屋子由梁、柱、枋、板、榫、椽、檩等构件组成，土家族木匠没有使用钉子与栓子，而且也不使用图纸，却能做到使各个构件组合严密，足以体现土家族木匠的独特营造智慧。

（七）安磉凳

"磉凳"即基石，又称为柱础，形态或方或圆，"磉凳"上往往还雕刻有各类图案。基石的安放对于恩施土家族居民来说也是一件重要的事情，掌墨师在此环节要对主人家表示恭贺，恭词如：

万丈高楼平地起，主家今日造高楼，现在我来安地基。左边安起千年吉，右边安起吉万年。前后安起黄金库，中间安起福禄寿。安得主家喜满门，安得田里庄稼生，安得大畜都兴盛，安得荒山变良田。要在早来不宜迟，现在是我发锤时，此锤不是寻常锤，它是鲁班先师制。一锤神灵归大庭，二锤凶煞入地阴，三锤鬼魂循西去，四锤邪魔免来行。巧匠能工，能工巧匠，几个磉凳，很有名堂，精雕细刻，手艺高强。[1]

（八）排扇

"排扇"阶段，木匠将木料集中排列组合成扇状整体。"扇"由柱头、骑筒等纵向排列，常见的有三柱四骑、五柱二骑等形式，柱子与柱子之间、柱子与骑筒之间都有距离尺寸的规定。"由枋"是横向的组合，常由灯笼枋、排扇枋、挑枋、地脚枋等组成。"排扇"工作做好之后，将组合好的扇按顺序叠放好，这意味着木料的组合工作结束，同时将进入房屋的组合工作阶段。

---

[1] 朱世学：《鄂西古建筑文化研究》，新华出版社，2004年版。

（九）立屋

每立一扇屋架，都有一定的程序安排。恩施土家族立屋的规矩是先立中堂，再立厢房。立屋时，掌墨师会手提公鸡，并将脚踩在中柱之上，口中念道：

此鸡，不是凡鸡，别人拿来无用处，弟子拿来止煞气。天煞、地煞、年煞、月煞，惟有此鸡来止煞。法锤一响大门开，主家请我起扇头，各位亲邻齐使力，起！

边说边用斧背朝柱上敲击一下，众乡邻跟着齐声喊起，一排扇架就渐渐竖立起来。随后立各扇均要说封赠之语。

（十）上梁

立屋完成后，一般都要举行上梁仪式，场面很热闹。木扇屋架房屋规格根据主人家的财力情况而定，或者是五柱七檩，或是七柱九檩，将中梁抬升至堂屋中柱以上即为上梁。掌墨师为了防止在这种场合出错或者为了显示自己的谦逊，常常在上梁仪式开始之前说上几句客套话，如："隔行如隔山，隔山不内行，语言不妥当，请多原谅。""从来没搞这一行，上梁我是门外郎。"

整个上梁仪式还分为以下几个步骤：

1. 祭梁。在土家族上梁仪式开始前，先将梁木头放于华堂之中，然后一手拿斧头和凿子，一手端菜盘，只身步入华堂，在梁木前焚香烧纸祭祀鲁班与祖先，在鞭炮声中大声吟诵："日吉时良，天地开张，金梁玉柱，闪发毫光，今逢黄道，大吉大昌。"

2. 开梁口。由木匠师傅和弟子各拿斧头，分别坐在梁头与梁尾。师傅先大声封赠道："说开梁口先开东，主东有福百事通，荣华富贵享不尽，稳坐宝地如龙宫。"讲完后用斧头砍掉梁木东头的一片木屑。而弟子接着回敬道："你开东来我开西，主东万事都如意，自从今日落成起，富贵好似上云梯。"然后也用斧子砍去一片木屑作为回应。

3. 升梁。开梁口后，紧接着的是升梁，由两位师傅领头，两头设置楼梯，逐步向上提升。升梁还包括一系列子环节，它们依次是扎梁彩、抬梁、讲瓶、祭酒、上云梯、攀枋、升梁、盘梁、甩梁粑、响梁炮、赞屋场、下云梯。

（十一）布盖

上梁以后，就开始布盖，即上檩子、钉椽子等工作，此环节一般不举行仪式，只需要按步骤进行即可。布盖很讲究盖瓦片，最有技术含量的是在屋脊的中间部位用瓦片叠成各种造型，两头还设计有翘角。

（十二）装屋

房屋的框架装好以后，就开始装屋，也就是用木板制作墙壁和地板。这样制作的房屋既可以防潮，又可以防止一些可怕的动物侵扰。在装屋的过程中，木匠进门和装神龛的那一日会收到主人红包。装屋环节对安装神龛有讲究，神龛要求宽一点，大门要求窄一些。神龛需要由掌墨师亲自安装，神龛规格为三尺八的正方形，此尺寸与当地俗语有关：要得"发"不离"八"。"八"与"发"谐音，寓意是发家致富。

第三节　民居建造仪式的意义与功能

　　土家族人在长期的生活实践中所产生的建房仪式与过程背后隐含着土家族人的精神内涵与精神寄托。建房仪式的意义大概包含这两方面：一方面，土家族的建房习俗是一种仪典形式，是一种民族情绪体验的传播行为。另一方面，这种习俗是一种人生奋斗意义的象征。建房仪式还具有实际的功效，它具有教育功能、娱乐功能，还具有交际功能，能使众多村民在建房的这段时间内团结在一起，心情愉悦舒畅，感受血缘亲情与互助友爱之情。

一、建房仪式的意义

（一）生活的仪典化

　　土家族整个建屋的过程是一个从日常生活走向仪典的过程。恩施土家族建房的过程体现了一种程式化规则。土家族人都会自觉遵循这些规则，谁都不会故意违背这种规则，除非是屋主家经济条件困难，无力为之。因为修建新房子是土家族人一生中的一件重大事情，修好的房子可以供几代人居住，村民们一般都会遵照这些程序，避免遇到不吉利的事情。程序内容都带有自觉性和文化的惯性特征，只要一修屋，这些程序就好像会自动按部就班地进行。数千年来，这些实践经验逐步沉淀为一套程式化的模式，构成了内容丰富、特色鲜明的土家族建房习俗，它与人们的生活、情感紧紧地凝聚在一起，并以独特的表现形式，成为土家族传统文化的一部分。[1]

敬鲁班仪式供桌

（二）人生意义的象征

　　在恩施地区，土家族人认为建新屋是一件大事，因为它往往会耗费主人一生的积蓄与精力。对于恩施土家族人来说，起新屋不仅是建一栋房子，它还承载了厚重的民族传统文化。能建新屋是一个村民家庭经济地位与社会地位的体现，并且房子的大小，建屋过程中的排场，对待师傅与帮忙者的慷慨程度等状况都会受到当地人的评价。[1]这些因素会直接关系到屋主在村里的脸面与声誉，是屋主非常看重的。

---

① 欧阳梦：《土家族建房习俗研究》，华中师范大学硕士学位论文，2007年。

土家族人建新屋也是一个艰苦的过程，在此过程中大家可以体会到屋主和他的至亲好友、左邻右舍，为村寨共同的生活理想与目标而艰苦奋斗，它体现了一种人类的不屈不挠的坚强意志，也融入了村民们为共同的幸福生活奋斗的精神与向往。

二、建房仪式的功能

（一）教育功能

土家族人几乎不用文字来记录本民族的建造技艺与过程，建造技艺的传承主要是通过师徒传授来进行。除了土家族工匠掌握建造技艺之外，聚落内部的众多村民也都能懂得一些相关知识，他们谈论起土家族传统民居的相关内容时也是头头是道。这主要依靠土家族工匠在建房仪式与过程中的传播教育作用，土家族工匠的动作演示、口头宣讲实际上对村民们起到了很好的建房知识教育与普及作用。这些教育功能主要体现在以下这些方面：一是显性的生活、生产技艺的教育。例如在上梁过程中，在赞梁之时，东西两头的赞梁人会相互提问来考验对方，例如酒的来历，在双方的争辩过程中完成了潜移默化的教育作用。二是隐性的语言、情感教育。例如在上梁过程中，上梁人的押韵的语言，有节奏的唱腔，夸张的措辞，诙谐的嘲弄，对主人、工匠、房屋的赞美，这些都在语言上具有一定的教育功能，更重要的是，这些语言对本民族的思维特征与特有的民族情感形式的确立，民族集体无意识的传达与继承是具有很重要的作用的。所有参加建房、上梁活动的人无形中会受到民族语言集体无意识的教育，增强了对本民族的认同感，从而将自己与整个民族的命运联系在一起。建房仪式的上梁歌词中包含丰富的内容，有历史、自然、科技、风土人情等内

穿木枋

立排扇

容，土家族人将这种非正规的教育融入仪式之中，对于土家族这样一个几乎不用文字来传承技艺的民族，这种教育方式发挥了明显的实际效用。

（二）娱乐功能

恩施土家族建房仪式具有很强的娱乐功能。以恩施小溪村为例，在水泥公路修通以前，该村是一个经济落后、位置偏僻的山村，与外界的接触甚少。在交通条件上，小溪村到最近的集市桅杆坝以及胜家坝都较远，需要乘车出行，且路况不好。随着新农村建设项目的推进，"村村通"小公交现在已经开通到村里，然而一天也只发两班车，出门还是显得不太方便。整体来看，恩施土家族村寨的交通都相对不方便，娱乐的形式比较单一，除了聊天、看电视，并无太多的娱乐活动。在恩施，土家族人的建房仪式不仅是屋主自己的大喜事，也是整个村寨与聚落的高兴事。土家族是一个特别重视集体主义精神的民族，大家都为这个建房活动感到开心，享受这种愉悦的氛围。土家族建房仪式活动能把平时很少聚集起来的村民们集中起来，让大家共同参与，体验建房过程中的快乐与轻松，宣泄心中的压力与愁苦，获得一次难得的精神"沐浴"。

（三）交际功能

恩施土家族人主要聚族而居，但是在聚落的边缘也还存在小散居的情况，一些村民居住在山高水远之地。恩施土家族人自古就有着互帮互助的美德，当村里有人家建新房，不仅是邻居主动来帮忙，甚至居住偏远的其他乡亲也前来出力。近些年来，不少年轻村民在外打工，即使路途遥远，他们也很乐意请假回村助一臂之力。村民们不收取劳务报酬，不注重经济回报，但是他们在建房仪式活动中收获了另外一种财富——人际交往和谐。平时住得近的村民们更进一步加深了感情，住得远的村民们重新投入到了族群与乡亲们的怀抱之中，这种建房仪式活动还给乡亲们提供了精神交流与信息交流的机会：劳动者们在劳动的现场交流合作，在劳动之后的主人提供的宴席上交谈；非劳动者们聚集在建房现场附近观看，他们交谈、评价、议论，使得生活中增添了人与人之间的互动，忘却了生活中的孤独与烦闷。

村里的女人们也参与劳动，主要是在举办宴席的时候帮助端菜送水，还有在最后铺青瓦的时候负责和老年人团队将瓦片传送上屋顶。因此，在此过程中，男人与女人也形成了交流互动。整个村寨以及附近的人都沉浸在暖暖的亲情与乡情之中。

第四章 民居构造与形态

    恩施土家族传统聚落中已经很难见到纯粹的"全干栏"式民居，土家族传统民居大多是以地居建筑为主，同时部分地保留了"干栏"特征，形成了"地居为主，干栏为辅"的建筑形态。

    土家族民居的下方是吊脚形成的架空层，多用于喂养牲畜，此处每天产生大量的动物排泄物以及其他垃圾。土家族村民在修筑民居的过程中，充分考虑到了污染物的处理办法。他们利用了山地的倾斜坡度，在污染物产生之处挖掘了简单的排污渠并使之与民居后面的农田相连，废弃物顺着排污渠缓缓渗入农田之中。因为土壤本身就具有自动吸收肥料的能力，可以对污染物循环利用。排污渠经过之处都是天然的野草地或泥土地，在未到达田地之前，部分肥料中途被流经的土地所吸收，发挥了很好的环境生态保护功能。

第一节 因材致用的构筑方式

一、取自自然——多元化的建筑用材

    中国古代建筑并非都是就地取材，宫殿建筑经常是远距离地征调建筑材料。明代北京宫殿建筑材料来自全国各地，如构架所需木材从四川、贵州、两湖（湖南、湖北）等地采办；宫殿所用澄浆砖，在山东烧制；铺地的金砖是从苏州等地运来的。清朝初期，仍然去南方采办楠木。《康熙实录》记载：

    康熙二十一年（1682年）九月，康熙以兴建太和殿之名，命刑部郎中洪尼喀往江南、江西，吏部郎中昆笃伦往浙江、福建，工部郎中龚爱往广东、广西，工部郎中图鼐往湖广，户部郎中齐稽往四川采办楠木。

    这种异地取材的做法，付出昂贵代价，是因为本地缺乏合格的建筑好材料才被迫如此。而就地取材无疑可以有效降低建筑工程造价。各地的就地取材可以分为两种类型：一种类型是在木构架的基本形态之下，尽量利用当地材料作为围护墙体。如产竹地区流行的竹编夹泥墙，寒冷地区盛行的拉哈墙等。它们丰富了木构架建筑自身的建筑手法，使建筑带有乡土特色。另一种类型是非木构架的建筑方式，运用当地各种材料构筑各种乡土建筑形态。如中国西北运用当地生土搭建的窑洞建筑，运用竹子搭建的干栏建筑，运用石材搭建的民居建筑，以及石木混合的碉房建筑等。它们均摆脱了木构架的建筑方式，打破了单一体系的单调乏味，形成了多元构筑形态，使中国古代建筑呈现以木构架为主体，多种乡土建筑形态并存的

"多元一体"现象。^①

　　中国古代传统建筑具有的就地取材的特点造就了各地建筑多元化的建筑形态，而恩施州各地的土家族传统建筑也因为建筑材料的差异形成了不同的建筑形态与风格。恩施州生态良好，素有"鄂西林海"之称，全州森林覆盖率达到71%左右。恩施土家族民居一般就地取材，体现了土家族人的一种生存智慧。如高山土墙茅屋就有四大好处，一是土墙避风，而且冬暖夏凉；二是辽竹笆扇不易腐烂；三是屋顶陡而不易积水积雪，适合恩施高山地域多雨多湿的天气特征；四是辽竹是高山特有的一种植物，就地取材，建造经济。^②土家族吊脚楼主体部分主要由木材构成，其他部分如屋基等主要由石材构成。而主体完工以后，建筑的装修装饰部分还需要运用其他建筑材料，如青瓦、石灰、杉木皮、三合土等。而根据吊脚楼各个部分承重受力的不同，还需要采用不同的木材。支柱作为吊脚楼的主体承重构件承担了最重要的承重任务，因此在选择支柱的木材时必须非常慎重。土家族人在选择此木材时，要求它无虫蛀、无腐烂、未开裂、无结疤。此木材在进山砍伐时就必须选好，一般选择杉树、枞树或者其他上好品质的杂树。据说古时候土家族人修建房屋时选择的树木的备料一般是椿树或者紫树，这两种树名称与"春"、"子"同音，有"春天常在"、"子孙兴旺"的吉祥寓意。但是由于这两种树遭受人为的破坏性砍伐，后来已经无法满足建房所需，只能以长势快、质地好、不容易腐烂的杉树与枞树来代替。^③

　　恩施各地自然资源与自然材料也具有地域性差异，土家族传统建筑就地取材的智慧与习惯造成了恩施州范围内的土家族建筑形态特征的差异。以利川鱼木寨为例，此地域地质结构与恩施州其他地区的有明显不同，这里盛产整块的青石，此种青石非常适宜作为建筑与雕刻材料。鱼木寨乃至利川大部分区域在传统建筑中都大量使用了当地青石。鱼木寨土家族传统建筑结构中很独特的地方显现在：一是建筑的地基与明台等下段部分广泛使用大块青石砌筑。二是建筑的木质栏杆部分，大多被替换为粗壮厚实的石质栏杆，不仅材质发生了变化，而且形态由较纤细的圆柱形与薄片状变换成了宽大厚实的长方体形态。三是恩施地区土家族传统建筑普遍采用的全木柱被改成一半木柱、一半石柱的形态，石柱多为长方体，长度一般在一米五以上。有的建筑甚至整根柱子全由石材构成，还在石柱上雕刻有楹联。四是不少建筑的门框由长条青石构成，特别是门的上部使用雕琢成曲拱状的青石。这些建筑材质与结构形成了鱼木寨建筑装饰的一个地方特征。

　　而恩施二官寨小溪村与旧铺村的土家族传统建筑主要由木材构成，木材在建筑中占很大比例，这与利川鱼木寨的土家族建筑中石材占很大比例的情况形成了明显区别。二官寨土家族传统建筑还使用了一些石材，但是这些石材与利川鱼木寨的石材相比有很大不同。以二官寨旧铺洞湾为例，当地土家族传统建筑在墙壁等部分广泛使用了一种花岗岩碎石块作为建筑材料。这是因为当地的山脉主要是这种石材，此石材不易被开采切割成整块较大体积的建筑

　　① 侯幼彬：《中国建筑美学》，中国建筑工业出版社，2009年版。

　　② 罗仙佳：《鄂西土家族传统民居建筑美学特征研究》，武汉大学硕士学位论文，2005年。

　　③ 谢一琼：《土家族吊脚楼——以咸丰土家族吊脚楼为例》，湖北人民出版社，2014年版。

材料，适宜被敲打成碎石块作为建房的部分材料。还有一种石材的利用，是使用天然的鹅卵石作为墙壁或地基的建筑材料。以恩施二官寨小溪村上坝为例，此地有些建筑的墙壁采用了大小不一的天然鹅卵石进行砌筑，石头多呈现天然不规则形态，但是整块墙壁最终呈现整体一致的视觉美感。这里的河道鹅卵石密布，大的有几米宽，小的如卵，俯拾皆是。当地土家族人从河道中就地取材，用于建筑的某些部位，因而形成了当地建筑的形态与材质特征。

二、因物施巧的有机建筑形象

以物为法的务实理性精神，在建筑形象的创造上，引发了因物施巧的设计意匠与手法。这在中国木构架建筑体系的成熟期、鼎盛期表现得很鲜明。土家族传统建筑无论是在建筑的整体形象、部件形式上，还是在细部处理上，都体现了这种因物施巧的建筑思想与生态审美智慧。

（一）形象与构造的统一处理

土家族传统建筑的形象装饰与建筑的构造结合得很好，这种扎根于建筑构造的形象处理可以说在土家族传统建筑中很普遍。李渔在《闲情偶寄·居室部》中提出了"制体宜坚"，"坚而后论工拙"的主张，他认为装修设计应该"宜简不宜繁，宜自然不宜雕斫"，并分析了相关原因："凡事物之理，简斯可继，繁则难久。顺其性者必坚，戕其体者易坏。"李渔的这些见解反映了民间建筑的朴实自然的审美匠心，具有生态美学的意味。

土家族传统建筑的台基、屋身与屋顶三大部分结构功能与建筑形象形成了有机统一性。要引起注意的是，土家族传统建筑的细部与局部的形象艺术加工都能保持与构造功能的一致性。计成在其著作《园冶》中强调构造的坚实合理与建筑形象的简雅自然应相统一。他主张园林建筑的窗格心要"疏而减文"，栏杆样式要"减便为雅"，门洞设计要切忌"雕镂门空"。①

（二）充分调度材料色质

土家族传统建筑既重视色彩的构成，也注重材质与肌理的构成，在材料的色质的调度上，有自己的智慧。对材料的色与质的调度体现在两个方面：

1. 五材并用

中国古代木构架建筑体系在用材方面视野开阔，除了建筑的承重构架统一由大木构筑之外，其他建筑构件，如墙体、地面、台基、屋面等，都广泛采用各种材料。可谓是"五材并用，百堵皆兴"。官式建筑中用材涉及面广泛，宋代《营造法式》"诸作料例"中，就有木作、石作、泥作、瓦作、竹作、砖作、窑作等多种用料法。清代《工部工程做法》还进一步增加了铜作、铁作、油作、画作、裱作等用料法。各地民间建筑结合当地天然材料资源特

---

① 侯幼彬：《中国建筑美学》，中国建筑工业出版社，2009年版。

点，运用了各种乡土材料，是形成建筑地方性的一个重要原因。[①]

对于恩施土家族传统建筑，其材料的选择范围非常广泛。作为木构架建筑，其主要材质是本地出产的天然木材。除木作之外，还有石作、瓦作、砖作、竹作、泥作等用料法。恩施二官寨小溪与旧铺聚落的土家族传统建筑用材主要有木材与石材，由于当地天然木材储量较大而石材相对较少，因此建筑用材首选天然木材，此外在房屋地面与柱础等部分采用了石材。宣恩彭家寨建筑用材与之类似。而利川鱼木寨当地盛产石材，木材相对较少，因而建筑中石材用量明显占比很大，石材之外还有木材、砖、泥、瓦、石灰等材质的运用。

恩施地区土家族传统建筑材料的丰富运用，使得建筑能够实现各种不同材质与色彩的配比，充分发挥不同材料色彩与肌理的艺术表现力，形成了土家族传统建筑自身的一大艺术特色。

2. 顺应材料特性

《考工记》一书中写道："天有时，地有气，材有美，工有巧。合此四者，然后可以为良。材美工巧，然而不良，则不时，不得地气也。""材美工巧"作为一种重要的造物思想，其内涵即顺依造物材质的秉性，这种思想对中国传统造物活动影响很大。恩施土家族传统建筑的建造作为一种造物活动，明显体现了这种造物原则。

土家族工匠在材料的调度上，充分体现出顺依材性的原则。他们依据不同材质的天然秉性，将它们合理地安置在建筑的不同部位。根据石材具有坚固耐磨、防水防潮、防腐蚀等特性，土家族工匠将它用于地面、基底衬脚、边缘棱角、支柱等部位，起到防水防潮、包镶加固、支撑等作用。石材在鱼木寨的土家族传统建筑中使用广泛，充分顺应了石材本身具有的天然性质，形成地面用石、台明用石、台阶用石、勾栏用石、柱础用石等。这些石质的台基、下碱与建筑的屋身、屋顶形成材质与色彩的对比。以鱼木寨规模最大的土家族传统建筑六吉堂为例，其偏房小天井合院内，台阶与地面材质全部为石材；台基的边缘镶嵌条石，墙体的转角部位下段也嵌入条石，起到辅助加固与防水防潮的功能。屋檐下的立柱下半段材质为条石，防潮且具有支撑作用。土家族传统建筑用砖也非常注重依照砖块自身的特性。鱼木寨不少传统建筑都使用了泥土晒干得到的一种本地土砖，土砖具有隔热、保暖、防寒、隔音、防火的性能，还是一种最经济、最容易获取的天然用材。但是这种砖未经过砖窑烧制，防水防潮性能差，不能沾水，因此这种砖块大多应用于墙体上部，下部由条石修筑下碱。本地土砖材质较为粗糙，因此经济条件较好的民居的主人还会叫人在土墙外层刷上一层灰浆或石灰进行平整与美化。

木构件材质相对轻软，结构组合方便，特别是跨度大。木构件适于在建筑的上半部分进行构造。土家族传统建筑的木构件主要采用穿斗式结构，构造复杂多变。

在整体暖黄灰色调的基础上，多种木材的组合呈现出不同冷暖色性变化，普通杂木与椎栗木色彩相对偏冷，猴梨木色泽偏暖；在色彩纯度与明度上，普通杂木色彩相对深沉含蓄，而猴梨木本身的红色略显明快与绚丽，与其他木材形成了鲜灰对比与明度对比。各种木材组

---

① 王贵祥：《中国古代人居理念与建筑原则》，中国建筑工业出版社，2015年版。

成了丰富而又和谐的地板色彩,煞是好看。此外,各种木材还具有本身的不同材质肌理,比如黄花木与花丘木的木纹理属于各种木材中最具有美感的种类,它们相对于一般的木材有着自己的独特肌理优势。黄花木的木纹为偏圆润的弧线状,而花丘木的木纹为类似三角形或菱形的较为尖锐的形状,二者的木纹虽然有差异,但都显现出较为明显的视觉效果,层层渐变,形成了静中带动的效果。在门框的部位,土家族工匠选择的木材多为杂木,结实、耐磨损的木材适宜用在此处。椿木与枞木比较容易生虫,而且椿木还具有不耐水的缺陷,因此这两种木材都不适宜用在建筑的关键部位。

土家族传统建筑顺依材性还体现在对材料天然形态的巧妙利用上。土家族民居出檐深挑,用于檐廊的遮风避雨,屋顶上有凤顶装饰及各种精美雕花。土家族建筑给人轻盈的感觉,屋檐四角均向上发戗,形成微微起翘的造型。大多数吊脚楼选用简单的悬山屋顶,部分选用歇山檐口,丰富的屋顶造型结合山势起伏的地形,层层叠叠,上下错落,形成独特的竖向空间特色。例如具有代表性的彭家寨建筑群,底层架空的欮子周边有落地与不落地的檐柱,不落地形成的檐柱重量放在柱间纤子与挑出的柱间枋上。纤子上铺上木板形成欮子廊,廊道端头有"耍起"的短柱悬空以作栏杆的支撑构件。"耍起"的柱头为"耍头",因形似南瓜,亦称为"金瓜"。穿枋穿出檐柱后变成挑枋,承托挑檐,吊脚楼由于檐口出挑较大,挑枋多为两层,成为"两重挑":上挑较小,称为二挑;下挑较大,承受檐口的主要重量,称为大挑。[1]有些吊脚楼将"两重挑"发展成"板凳挑",其优势在于受力更合理,吊起与夹腰一起承担的重量比二挑大很多,大挑承担的部分重量转移到吊起与夹腰,使重量分布更为均衡。

彭家寨建筑群场景

① 赵迹,李保峰,雷祖康:《土家族吊脚楼的建造特点——以鄂西彭家寨古建测绘为例》,《华中建筑》2007年第6期。

"翘角挑"又叫"搬爪",形态十分美观,但是制作难度很大;"平爪"更利于排水与遮挡风雨。对于"翘角挑",选择材料时应利用树木的天然形态,要求选取略为弯曲的杉树苑或杉树桩,然后测量其弯曲度,看翘多高,看翘多远。搬爪弯曲度一般高出平挑30°左右,不能低于屋顶边柱的檐口。①利用挑枋做承重构件很普遍,在建筑造型上也发挥作用,"牛角挑"就是一个典型例子。"牛角挑"的形成源于构件功能与材料自然特性的巧妙结合。山地林木最开始是垂直于坡面生长,到一定高度后转变为垂直于水平面生长,这种生长规律使林木在根部形成弯曲造型,而且生长于不同倾斜度坡地的树木形成的弯曲度也不同,土家族人在选取这些弯木时还须考虑其弯曲度的不同特点。土家族人利用山地林木的这一生长习性,加工制成"牛角挑"——挑枋。截面随荷载力臂增大而自然扩大,挑枋反弯向上托檩使悬臂受力合理。如果采用人工手段对木材进行弯曲造型,不仅耗时、耗力、难度大,而且木材的坚韧性与耐用度都不能与天然"牛角木"相比。这种天然材质的巧妙利用合理地解决了水平悬挑构件承受垂直荷载的问题,同时更赋予这种源于山地的反弯挑枋形式在立面构图上特殊的意义,在檐口、挑廊下,挑枋的曲势被刻意强调,它与飞动的檐角、空灵的挑廊以及超拔的吊脚楼体一起构成了土家族吊脚楼鲜明的地域风格。②

木材也有一些自身的缺点,如易受潮、易腐蚀、易干裂等。因此将木材涂上一层油漆有

彭家寨土家族吊脚楼的形态

---

① 谢一琼:《土家族吊脚楼——以咸丰土家族吊脚楼为例》,湖北人民出版社,2014年版。
② 黄哲,闫丽丽:《土家族吊脚楼建筑审美浅析》,《东南大学学报(哲学社会科学版)》2011年增刊第2期。

助于对其进行保护。恩施土家族地区盛产生漆，经济条件较好的屋主会将大部分木质构件涂上生漆。曾有诗赞曰："生漆净如油，宝光照人头；摇起虎斑色，提起钓鱼钩；入木三分厚，光泽永长留。"生漆不仅附着力强，保护功能好，而且色泽天然、沉稳，与没有涂刷油漆的本色木材能保持和谐统一。土家族人还往往给木材刷上一层桐油，这样木材不容易腐烂，表面会形成一层保护膜，不透气，可以起到防水、防腐的作用。

土家族工匠在建筑施工过程中对天然木材的材质、纹理与色彩的巧妙选择，体现了其顺依材性的生态智慧与审美水平，这离不开土家族工匠在长期的生活与建造实践中积累的宝贵实践经验。

（三）崇尚本色之美

土家族传统建筑普遍采用的是建筑材质的本色，原木、青瓦、土墙、石材、灰砖、石灰等，都保持着天然材料的原色、原质。即使是刷保护层涂料，也都采用的是大漆以及桐油等天然涂料，大漆色彩多呈现漆褐栗或黑绿色，桐油呈现透明的暖黄色，它们都呈现淡雅素朴的色彩。这种色彩与周围的自然环境色彩融洽协调。李渔在《闲情偶寄》一文中对这种天然材质本色之美进行了描述："界墙者……垒之者人工，而石则造物生成之本质也。其次则为石子。石子亦系生成，而次于乱石者，以其有圆无方，似执一见，虽属天工，而近于人力故耳……至于泥墙土壁，贫富皆宜，极有萧疏雅淡之致。"此种淡雅素朴的本色之美与华丽繁复的美形成鲜明对照。《易经·贲卦》中也包含了这两种美的对立，"上九，白贲，无咎"。贲本来指华丽绚烂的美，白贲则是指绚烂又复归于平淡。《易经·杂卦》曰："贲，无色也。"质地本身显现的美才是真正的美。汉代刘向在《说苑》中记载："孔子卦得贲，意不平，子张问，孔子曰，'贲，非正色也，是以叹之'。"白贲这种本色的美体现在建筑上，也是最高的美。中国画从色彩绚丽的金碧山水发展到了色泽淡雅的水墨山水，达到了一种白贲的艺术境界，而与之类似，土家族传统建筑的原色之美也达到了一种白贲的境界。[①]

土家族传统建筑多呈现建筑材质的本色，或许有人认为这是因为以往土家族地区的生产水平相对落后而造成的现象，其实并非如此，笔者在恩施对各种土家族传统建筑进行田野考察，不止一次听到土家族工匠对建筑本色的由衷喜爱，这是土家族人天生的色彩审美倾向。在经济水平得到很大提高的今天，高水平的土家族工匠在修建传统建筑时，仍然秉持保留建筑本色的审美习惯，比如他们认为在木材外涂工业油漆不好看。即使非涂油漆不可，也要选择透明清漆以透出木材的天然本色。

土家族传统建筑的本色美也是一种质朴美。在中国传统文化中，质朴是其重要特点之一。孔子曰："君子义以为质，礼以行之。"孔子强调了礼仪之内在本质的重要性。我们从建筑之外的艺术生活中，也能感受到土家族人对质朴之美的追求。这从侧面印证了土家族人在传统聚落建筑文化中对质朴美的热爱，土家族人在建筑文化之中的审美倾向必然会在本民族其他传统艺术活动中留下相同或相似的印迹。

---

① 宗白华：《美学与艺术》，华东师范大学出版社，2013年版。

第二节　民居平面类型

恩施土家族传统民居空间主要包括正屋（堂屋）与厢房（横屋）两个部分，以及后来增建的一些具有附属功能的房间，比如厨房、卫生间等。根据平面空间形态的不同，恩施土家族传统民居可以分为"一"字形、"L"形（"钥匙头"形）、"三合水"型（"撮箕口"形）、"四合水"型等四种基本形态。

一、"一"字形

"一"字形民居是恩施地区最为普遍的一种土家族民居平面形态，房屋的布局与构造相对简单。吊脚楼多数为两层，少数为三层。"一"字形房屋即"一明两暗三开间"。在正屋的一头建有吊脚楼，此吊脚楼与正屋形成"一"字形排列的平行关系。"一"字形房屋的开间是单数。"堂屋"位于正中心，此空间是土家族人祭拜祖先、举办红白喜事、迎送宾客的重要场所。底层架空放置农具或堆放柴火等杂物、圈养牲畜，多发挥仓库与养殖空间的功能。二层是生活居住空间，屋檐下的走廊可以用于聊天、休息，晾晒衣服以及玉米、茶叶等农作物。"一"字形民居虽然形态比较简单，但是由于有的"一"字形民居后来扩建与延伸，其长度不断增大，甚至达到可以让好几户家庭共同居住的规模。

二、"L"形（"钥匙头"形）

此民居形态在恩施地区也较为常见，是土家族传统民居的典型代表，通常为一正屋与一厢房的组合，土家族人称之为"钥匙头"或"一头吊"。此种类型以单层一明两暗三开间的平房为"正屋"（或称"座子房"），在其左边或右边加建横屋（或称"厢房"），横屋伸出悬空，下面以木柱支撑，正屋与厢房组合成直角的"L"形平面形状，形似古时候的钥匙，故称之为"钥匙头"。

土家族"钥匙头"形的单吊厢房在方位上也有一定的讲究，一般多朝向东方，即"吊东不吊西"，因为土家族民间流行"青龙压白虎"的风水观念，以东面的建筑物高于西面为吉。这种民居还具有生态意义，适应了当地的光照自然条件，特别是对西晒的利用，房屋西面的场地敞开，可以利用阳光翻晒粮食。[①]

三、"三合水"型（"撮箕口"形）

"三合水"型民居为一正屋、两厢房格局，又称为"双头吊"形或"撮箕口"形，正屋的两头都建有居民厢房，中间正屋落地，两边的厢房与正屋形成垂直的平面关系，从而形成

---

① 贺宝平：《鄂西南土家族传统乡村聚落景观的文化解析》，华中农业大学硕士学位论文，2009年。

一正二横的"凹"字形,俗称"三合水"或者"撮箕口"。此种形态是由单吊式民居发展而来,即在"L"形住宅的基础上增添一厢房而成。土家族人修建吊脚楼一般是先建好正屋,然后根据家庭的经济条件,再增建厢房。因此,"三合水"型与"L"形这两种不同形态的民居并非因地形的不同而产生,主要取决于土家族家庭的不同经济状况与生活需求。

"三合水"型民居大多都是开放式的庭院,多建在平地或者建在平缓的坡地和台地上,由于受地势所限,住宅前往往难以再围合成院,形成了一个半封闭空间,但是由于其地势略高于平地,也能产生一种空间界定。

四、"四合水"型

这种民居形态是在"三合水"型民居的基础上发展而成,它是将"三合水"型民居开敞口,加上朝门,围合成为一个天井。以吊脚楼围合井院的建筑形态只见于土家族地区,这种四合院是土家族传统民居建筑的一个独特形态。苗族、侗族等其他少数民族传统建筑形态为"围井院者不吊脚,吊脚者不围井院"。继续延伸与扩大天井空间,可以形成二进院、三进院,甚至四进院等。

恩施二官寨小溪村的朝门大院中心即是一个典型的土家族"四合水"型民居,该民居整体位于距离村道近2米左右的高度,正屋落于较为平缓的坡地上,内设祖先神龛,左右两侧为厢房,皆以木柱支撑,厢房的龛子都面向道路一侧,分列于朝门两边。朝门左侧的厢房基本保持原来大小,而右侧的厢房宽度明显大于左侧的,龛子的宽度也明显比左侧的大,这是因为后来对厢房进行了扩建。

第三节 典型建筑群案例

除了较大的聚落之外,恩施地区还存在一些规模较大的土家族民居建筑群,并形成了自己的建筑特色。咸丰县有"干栏之乡"的美誉,土家族吊脚楼在该县分布较为广泛,建筑群数量较多。据说当地有近百个吊脚楼群,可谓"吊脚楼大观园"。仅在该县甲马池镇,就有龚家坨老宅、王母洞吊脚楼群落、青岗坝蒋宅、新场蒋家花园、龙门院子等吊脚楼建筑,其中规模最大的是新场蒋家花园。下面主要选取咸丰县的蒋家花园、刘家大院进行介绍。

一、蒋家花园

蒋家花园位于恩施州咸丰县坪坝营镇新场村海拔1326米的笔架山下,曾经长期作为新场中学的校舍场地,是恩施州保存最为完好的土家族传统民居建筑之一,2008年被公布为湖北省文物保护单位。蒋家花园原名"熊家巷子",建于19世纪初,为当地大户蒋克勤所修建,建筑为全木结构,占地总面积4800平方米,建筑面积2920平方米。蒋家花园原有房屋129间、天井5个、花园2个,现存房屋94间、天井3个、花园1个。蒋家花园是"四合五天井"式建筑,正面有13间房屋,两端"龛子"只遗留其一,朝门也已不复存在,但是仍旧显出当年的宏伟气派。坪坝营新场中学这所乡镇中学能够在蒋家花园内办学，足以说明蒋家花园的规模之大。

蒋家花园据说原正面左右各有一条"八字形"通道，每条通道长约80米，各有两道朝门，人称"双朝门"。进口处有一道凉亭式大朝门，过围墙后还有一道小朝门。前部有两层院坝，它们均呈长方形。花园四周顺地势建有高大厚实的青石围墙，院前的围墙建在第二层院坝外侧的高坎上，两侧及院后的围墙全建在山上。

蒋家花园为对称性建筑，进园大门位于正中，左右各有正屋3间，转角屋1间，两边各有一吊脚楼厢房向院坝伸出，呈"凹"字形。屋宅中间砌有一圆形花台，内栽一根桂花树。天井对面是一大厅，宽4.8米，进深7.3米，厅内设置神龛，陈列祖宗牌位。大厅对面及两边是回廊式两层吊脚楼，屋外过道四面相连。二楼距地面3米，四周有雕花栏杆，楼上34个房间为主人住房及仓库。自大天井四角经转角门，可通两边小天井。中间是堂屋，设有神龛。小天井外侧亦为两层楼房，楼下建有4间地窖，用于加工粮食及储藏生活用品等。

花园左侧为屋主人居室，其布局结构、形状与右侧小天井相似，左侧小天井不知何时被拆毁。主人卧室靠内，一般人不得随意进入。蒋家花园由一百多位工匠历时三年建成，它融北方建筑的大气与南方少数民族建筑的古朴秀美为一体，展示了土家族精湛的建筑技艺和深厚的民族文化内涵。蒋家花园的二楼离地面大约3米高，房屋之间以长廊相接，装有雕花栏杆。二层连廊的梁下高度不到1.8米，栏杆高约1.2米。二楼屋檐出挑深远，檐下有"板凳挑"支撑，这种挑属于土家族传统民居的一个特色结构部件，其作用相当于北方官式建筑中的斗拱。北方斗拱在后来的发展过程当中，结构功能逐渐降低，装饰功能不断增强，成为中国传统建筑文化的一个象征符号。而土家族"板凳挑"却一直具有实用功能，实现了装饰与实用二者的统一，并成为识别土家族吊脚楼"身份"的关键标志。二楼檐廊的空间好像有特别安排，当人靠近栏杆往下探头即可见到内院景致，然而楼下的人却只能望见栏杆，有点类似恩施土家族双层戏院的空间。

蒋家花园外观

蒋家花园天井

蒋家花园内部

二、刘家大院

刘家大院位于咸丰县高乐山镇徐家坨村，在唐崖河的东岸边，是湖北省内较为有名的一处土家族吊脚楼群，只是后来因为年久失修与保护不力，双龛子楼倒塌了一边。刘家大院共有44户人家，他们在村口吊脚楼山坡、坡下岩岸、山后、山坳四处位置居住。

刘家大院吊脚楼龛子吊柱基础与堂前院不齐平，柱上厢房由外廊折转向前，通过外廊和吊脚柱的疏密，突出了正屋的庄重稳定和横屋的轻盈生动。土家族吊脚楼为典型的穿枋结构。刘家大院的穿枋结构多为五柱二骑和三柱二骑（分别指房屋进深方向的穿枋排架有五根落地柱和两根不落地柱、三根落地柱和两根不落地柱）。房屋正面原先是宽敞的院坝，后来村民们为了获得更多粮食，便将这院坝改作了耕地。院坝靠近公路的一边有一排烤烟房，屋顶是用青瓦铺就，屋体采用黄泥墙。

土家族吊脚楼穿枋结构十分灵活，梁枋之间穿插自如，悬挑方便。刘家大院最常见的是屋檐出挑以及内部结构伸搭所用的大挑和二挑，原本在土家族地区常见的"板凳挑"却未发

刘家大院民宅

现。屋面坡度，通常用的是"六分水"[1]。现在不再沿用"六分水"，而是采用"五分水"的形式，据说是因为"六分水"坡面不好放瓦。对于开间尺度，土家族建筑有"堂屋最大一丈六尺八，人间最大一丈五尺八"的做法，刘家大院中现只发现刘文州民宅符合此例。这里的穿枋用料较多，多用"满瓜满枋"，挑枋（大挑、二挑）呈弧形上挑，刚劲有力，承以雕饰构件。

第四节　建筑对地形的适应

一、建筑空间适应山地环境的方式

在复杂而特殊的山地条件下，恩施土家族人为了生存，创造性地构筑了本地域极富特色的民居建筑——土家族吊脚楼。这种建筑实行"占天不占地"的营建方法，分阶筑台，临坎吊脚，宜山宜水宜平地，顺坡顺地顺其自然，既充分利用了有限的土地，又达到了与环境的和谐统一，体现出人与自然相得益彰，"以天地为庐"的玄学意识，是我国少数民族民居建筑中具有鲜明地域特色的生态建筑。[2]它对自然环境的破坏极小，不仅为恩施土家族人节约了宝贵的耕地资源，而且民居建筑与山地环境巧妙融合，形态轻盈多姿，活泼自如，形成了一种独特的生态之美。

土家族民居建筑对当地自然地形的适应有多种方式，可谓灵活多变，体现了土家族工匠的生态智慧与审美趣味。恩施土家族传统聚落对自然环境的适应与生物圈中生物群体对自然环境的适应有相似之处，都是生物或人与自然环境之间的一种互动与生态平衡关系。但是两者之间又存在明显的不同，生物圈中生物群体对自然环境的适应是一种消极的适应关系，生物种群与数量以及密度均与自然界保持一种动态的相互作用与平衡变化，这是根据自然界选择的负反馈作用进行的自我调节，是一种本能。而土家族传统聚落与自然环境的关系则是一种主动的适应关系，人在这种动态的适应与平衡关系之中发挥了重要的能动性，它充分运用了人的智慧与主动调节能力，当然这种主动调节作用必须建立在充分尊重自然规律的生态美学精神的基础之上，是人与自然处于平等地位基础上的主动调节与适应。这种以人为本与违背生态文明的"人类中心主义"有着本质上的不同，不能弄混淆。

二、建筑适应地形的案例

（一）案例：五峰县土家族民居对地形的适应

恩施土家族传统聚落地形都以山地为主，恩施土家族采用干栏式的民居建筑形式来适应

---

① 所谓"六分水"指的是高宽比形成的坡度，高度是宽度的60％。
② 何家辉，胡甜：《恩施土家民居建筑艺术中的装饰符号研究》，《文艺生活》2014年第4期。

复杂的山地形态，这种建筑形式不仅可以少占有限的耕地资源，而且还起到防潮避害的作用。干栏式架空层也叫吊脚层，与山地环境非常吻合。吊脚层是整个建筑与地面最为接近的部分，最接"地气"，因而被认为其空间偏向"阴性"空间，不适合人居住。而从实际生态层面来看，它也的确不适合人居住，一是由于吊脚层贴近地面，潮气很重；二是由于空间没有封闭，透风的环境也不利于人居住。在恩施土家族地区，吊脚层主要是作为牛、羊、猪等牲畜的圈养场所，也有人家将家禽放入此空间饲养。它的另一个重要的功能是堆放生活资料与生产资料，土家族村民将大量的木柴堆放于此，平时生柴火做饭时便从此处取出。建房用的木头也是放置在此处。

由于山地环境的多样性，土家族吊脚楼在顺应天然山地地形的过程中也会形成不同的空间类别，一般可以分为半吊脚楼与全吊脚楼。全吊脚楼一般位于地势较为平坦的地方，建筑的下方全部由吊脚支撑，底层空间较大；半吊脚楼位于倾斜的坡地或山地，由于应对不同地形，吊脚方式与坡面的处理方式不同，形成不同的空间形态。

在五峰土家族自治县（以下简称"五峰县"），全吊脚楼比较少见，最常见的是半吊脚楼。土家族吊脚楼大部分是属于半吊脚楼的格局，底层空间有一半左右是可以利用的空间。房屋一半坐落在山体或人工找平的台基之上，另外一半由吊脚木柱支撑悬空，形成一实一虚的空间效果。以五峰县五峰镇茶园村的土家族民居为例，右侧的土家族吊脚楼底层空间有一半左右为吊脚支撑的空心层，另外一部分建在水泥砌筑的平台上。中心的堂屋坐落于一块高地之上，右下方是一块缓坡，坡度夹角在25度左右，厢房便建立在此地面上，厢房正面有五根立柱支撑屋体，形成一个完整的底层空间，在此堆放有柴火、棺木以及其他杂物。

咸丰刘家大院有一座经典的土家族吊脚楼，它为完全水平的吊脚楼格局。左右形成对称格局的两座土家族龛子吊脚楼，立于山下的平坦地面，左右两个龛子楼吊脚层各有七根吊脚木柱呈一字排开，高90厘米左右，吊脚层空间开阔，地面人工铺垫了水泥层，起到防水、防湿的作用，因此柱脚可以不垫石头磉墩。左侧龛子楼吊脚层空间内部修建了空心砖猪圈，但是并未将吊脚层堵死，还留有一半通透的空间，堆放部分生产资料与生活资料，右侧龛子楼吊脚层空间结构与左侧基本一致。不易发觉的是，龛子楼尾是靠在高一级的台阶屋基之上，节省了不少木料，也省了工时。这种吊脚层除了进深空间的最里层省去了一排吊脚木柱，内部结构空间与全吊脚楼的底层一样。

五峰县土家族民居

土家族民居栏杆仰视图

五峰县土家族民居厢房部分

（二）案例：利川鱼木寨军事防御型建筑对地形的适应

利川鱼木寨建筑作为恩施土家族地区罕见的防御型建筑，在军事防御型建筑设施上也体现了其建筑空间与自然环境的契合。军事防御型建筑主要有两种：一种是在平坦开阔的平原地带无天险可借，完全依靠人的力量修筑城墙以及开掘护城河形成封闭格局，对内部进行防御保护。另外一种则是主要利用自然天险对聚落进行保护，首先是建造者以及聚落首领需要对各种山区地形进行筛选，获得最为理想的天然防御环境。其次是对各种军事防御型建筑的设施进行布局与建造。

鱼木寨土家族工匠非常善于利用地势、顺应山形来建造自己的军事防御型建筑。首先是鱼木寨寨堡的修筑，它巧妙地修建在凸起的一座孤立的山峰之上，寨堡牢固地扎根于此山体，其建筑外形呈现上小下大的梯形，建筑主要材料为本地出产的硕大条石，厚度为37～38厘米，寨堡正好与山体融为一体。寨堡东西两侧皆为绝壁断崖，中心设置了寨门，高度为2.4米，寨门上方是"鱼木寨"三个阴刻楷书大字，寨堡顶端是瓦片屋顶，屋檐下有九个射击孔。寨门前方是一段天然的狭窄山体，形成一条天然通道，本地人称为"金扁担"，平均宽度仅为1.5米，"金扁担"左右两侧是悬崖深谷。寨中村民通过此通道进入寨内，现在还可以通行摩托车等小型交通工具，汽车等大型交通工具则无法通过。寨堡正好卡在"金扁担"与山体主体部分交界的部位，堪称咽喉部位，牢牢地锁住了此交通要道。

（三）案例：鱼木寨洞穴式民居对自然环境的适应

穴居利用天然的洞穴作为栖身场所，在鄂西南清江流域有着十分悠久的历史，在清江上源的鱼木寨，至今仍有诸多穴居建筑遗存。穴居建筑可以说是鱼木寨土家族传统建筑中的非常之观，区位偏远使得它有一种超然脱世的隐居气质。史籍文献中也多有记载，如《春秋命历年》记载："合雒纪世，民始穴居，衣皮毛。"鱼木寨二仙岩一带的偏岩洞穴中，1949年前有120多户居民；至中华人民共和国成立初期，有80多户居民；一直到1984年以后，居民才陆续从洞中迁出。

土家族人选择居住的洞穴都有讲究：一是要位置隐秘，避开要道，居高临下；二是选择的洞口宽敞明亮，视野开阔，进出方便；三是岩洞顶部无风化碎石，无渗漏滴水，且下有平台之所；四是岩洞有泉，有通风口，无蝙蝠与蛇虫。[①]

鱼木寨穴居建筑目前保存最为完善的当属崖壁居（也称干坝子岩洞），它位于寨内叫作二仙岩的一处极偏远位置，笔者从寨顶出发，沿羊肠小道跋涉三个多小时才抵达此地。笔者发觉这里是寨子山崖根部，有一条凹陷空间形成了可以住人的岩洞，当地人称之为偏岩。崖壁居并非一处纯天然洞穴，与原始社会未加改造的洞穴不同，它实际上是天然洞穴环境与人工砖石结构吊脚楼的巧妙结合。在不破坏天然洞穴环境的前提下，崖壁居保证了主人较为舒适的居住条件。崖壁居中的二层小楼房并未完全建于洞穴之内，它一半建于洞内，一半露出洞外，居住者在享受天然岩洞小气候的同时，也能通过建在洞外的一半房屋改善采光条件。崖壁居的户主名叫谭玉森，该建筑为一楼一底格局，上面三间，下面四间，由东向西分别为厨房、烤火房、堂屋、歇房。进入堂屋，内壁即天然洞壁，未加修饰，表面凹凸不平。两屋正面皆有走廊，廊下有四根石质廊柱支撑。居所只盖了一面青瓦斜顶。楼东崖脚有泉井一口，东筑一排石栏猪舍。[①]崖壁居旁边有几棵高大的树木，挡住对面开阔地带的视线。林间层层梯田，户主在此耕种可以实现自给自足。遥望过去，石柱、木栏、青瓦、石墙掩映于修竹茂林之间，境界奇美，堪称世外桃源。

第五节　土家族传统建筑的优美特征

优美，也称阴柔之美、秀美，它以感性和谐为主，审美意蕴、情感力度柔和平稳。国学大师王国维指出："而美之为物有二种：一曰优美，二曰壮美。"优美与壮美相对，壮美也称阳刚之美，其审美意蕴、情感力度强盛，具有宏大、挺利、奔放、雄浑等特性。审美文化总会表现出某种风格，土家族传统审美文化与壮美有很大不同，在整体上体现出一种优美的风格特征，具有小巧、平静、舒缓、圆畅等表现形式以及直观愉悦的感性特点。法国作家丹纳在《艺术哲学》一书中指出："自然界有它的气候，气候的变化决定这种那种植物的出现；精神方面也有它的气候，它的变化决定这种那种艺术的出现……精神文明的产物和动植

---

① 谭宗派，方国剑：《支罗船头寨研究》，武汉理工大学出版社，2011年版。

物界的产物一样，只能用各自的环境来解释。"[①]土家族审美文化有自己的成长环境，必然带上难以磨灭的自然印痕。

一、环境之优美

恩施土家族人主要居住于武陵山区，此处地域偏远，地形险峻，但是整体上凸显优美的特点。武陵山区位于我国东西部交接地带，这里没有高原与荒漠的壮阔与崇高之美，虽然也有高山，但更多的是整体的秀美、柔美之境。这里森林植被保存良好，处处青山秀水，竹木青翠，鸟语花香，生机勃发，人与自然关系十分亲近友好。道光《思南府续志》中关于此地自然环境的描述为："城内上建观音阁……古柏四围，浓郁匝地，琳宫绀宇掩映参差，拾级寻幽，一郡胜景。"这里的自然环境清新美好、平和幽静，自然环境的美好除了源于当地地理气候条件，也离不开土家族人对自然的敬畏与保护。土家族人大多依山临水而居，他们信仰山神、水神、土地神、树神等神灵，视大自然为自己的衣食父母，相信敬奉自然神灵会得其保佑。土家族人具有强烈的自然生态意识，在乡规民约中，土家族先民制定了很多保护自然的条款，比如在封山育林的规约中，风景林、地边林、古庙林、墓地林以及井边、路边的树木都在保护之列。自然崇拜对于土家族先民的精神生活的影响巨大，对自然万物的信仰与崇拜，激发了他们丰富的想象力，他们将对大自然的质朴情感倾注于精神创造活动之中，逐渐形成了土家族的建筑、音乐、舞蹈等艺术形式。土家族民族歌曲也给人以优美之感，薅草锣鼓又称薅草歌，在集体薅草、耕田时，由两到四人鸣锣击鼓歌唱。薅草锣鼓的节奏有"三起三落"，在一天的劳作中，张弛有度、井然有序，鼓手根据上工、歇息、收工的不同节奏进行调节与指挥。薅草歌的歌腔曲调高亢悠扬，节奏自由，旋律富于装饰性。再以土家族传统音乐咚咚亏为例，它采用单簧气鸣乐器，其音色柔和、浑厚。传统乐曲有《耍调》、《赶集》、《布涅咚》、《拉帕克》等，曲调清新活泼，悠扬悦耳，富有田园情趣。作为典型的土家族传统民间音乐，咚咚亏整体风格舒缓流畅，与刚劲、激昂的壮美音乐截然不同，它没有激烈的矛盾冲突，内部要素组合委婉有序。

生存自然环境的秀丽为审美文化的优美特征的形成奠定了基础，优美近似于古代的阴柔之美，清代文人姚鼐在《复鲁絜非书》中说："阴柔之美，如清风，如云，如霞，如烟，如幽林曲涧，给人轻松愉快、心旷神怡的感觉。"[②]在土家族人的艺术活动中，自然风物是其创作源泉与精神世界的寄托，其在构建与创造中都显示了与自然相适的特点，以此形成秀美与优美的风格。

二、吊脚楼之优美

土家族传统建筑艺术的杰出代表——吊脚楼，它外形简朴，稳定而轻盈，巧妙融入自然

① [法] 丹纳（傅雷译）：《艺术哲学》，人民文学出版社，1963年版。
② 刘湘兰：《崇高、优美、滑稽——论魏晋风度的美学意蕴》，湘潭大学硕士学位论文，2002年。

山水之境。它气势并不宏伟，但设计制造却匠心独具，兼顾了自然尺度与人的尺度。建筑学家张良皋对土家族民居的龛子之优美作了如下描写："土家民居的龛子，翼角翚飞，走栏周匝、腾空而起，轻盈纤巧，亭亭玉立，婀娜多姿……竹林参差，掩映建筑轮廓，十分优美。"[①]土家族吊脚楼由于有出挑与出檐之构造，初看似乎有"头重脚轻"之不稳定感，但当它与建于地面的正屋相连接时，则产生了呼应，形成轻重协调的均衡美感。吊脚楼内部各构造要素处于一种和谐之态。土家族器物的制作也蕴含了土家族人的审美意识。土家族人在创造器物的过程中遵循自然美的原则，在创制过程中，用有树杈的树枝制作支撑工具，用竹节的末端制作背篓底座，用圆长的石头制作杵棒，用弯曲的树木制作"板凳挑"等，反映了土家族人巧用自然的独特智慧。在土家族器物中，无论是竹器、木器，还是石器等，圆形或半圆形形态占多数，这体现了土家族人对圆润自然之美的追求，符合优美的形态特性。

第六节　民居木雕装饰艺术

何谓"装饰"，装者，遮掩鄙陋饰者，敷设文采也。依照词典的注释，在身体或物体的表面加些附属的东西，是美观。由此便知，装饰即美化，通过人的主观能动性对自身及生活空间进行改造，终极目的是比其原先更美。装饰的含义又具有双重性，首先，作为动态名词出现的装饰是人类社会共生的一种审美行为，这种行为渗透着一定的历史或地域特征。其次，作为静态名词出现的装饰是人类为合乎生存需要和满足社会要求，对现实事物改变创造出来的一种具备一定秩序化、程式化、规律化和理想化的艺术手法或模式。[②]普通村民家主要是进行朴实的木雕装饰，大户人家还讲究精美的石雕艺术。对于民居装饰我们以木雕介绍与分析为主，对于石雕艺术主要在墓葬建筑中进行阐释。

恩施土家族民居的装饰具有浓郁的民族特色、鲜明的地域风格，土家族人主要对民居的屋脊、山墙、檐口、挑柱、门窗、栏杆等部位进行装饰美化，装饰造型生动多变，题材丰富，与青瓦、木墙搭配映衬。民居的内部装饰主要体现在门、窗、梁、枋等建筑部件上。外部装饰主要是在房屋的屋脊、柱头、挑梁、檐口等处雕刻各种人物、花卉、动物形象。以窗户为例，为了使房间通风、获得光线，土家族工匠多采用格栅门窗样式，运用丰富的动植物图案，以及抽象的几何形纹样，还有的是将动植物及其他纹样进行综合运用，装饰的题材内容大多来源于本民族的历史故事、神话传说及图腾，装饰图样与建筑整体达成了和谐统一，实现了结构与形式的统一，同时也寄托了土家族人对幸福生活的向往。土家族建筑雕刻作为一门装饰艺术，不仅将自然景观作为欣赏对象，更进一步让自然万物进入了百姓生活之中，将它们变成了可亲之物。正如宋代画家郭熙在《林泉高致集》中指出，艺术创作的本意并不在于单纯的艺术鉴赏，而是在于创造一种与人的生活密切关联的自然景观。自然万物不是外在于人的，而是成为人的生活的组成部分，有一种机缘性。

---

① 张良皋：《武陵土家》，三联书店，2002年版。
② 田卫平：《现代装饰艺术》，黑龙江美术出版社，1995年版。

一、民居木雕装饰的主要部位与特点

（一）栏杆

栏杆是土家族吊脚楼重要的元素，其图案装饰极讲章法，木栏上通常雕饰"回"字格、"喜"字格、"万"字格及"凹"字纹等图案，有些栏杆还在中央制作"美人靠"，进一步增强栏杆实用性和形式美感。土家族工匠们在木雕装饰作品中也通过自然万物形象寄兴于景，表达土家族对美好生活的追求以及对自然的崇敬。

（二）挑柱

土家族民居充分发挥木结构性能，大量采用悬挑构造手法，吊脚楼的龛子向外突出部分由挑枋和挑柱支撑，挑柱下端不落地，和挑枋组成悬空结构。挑柱不仅是房屋的重要构件，其柱子及柱头装饰也是吊脚楼的一大特色，土家族工匠通常把柱头雕成精美的"金瓜"或"旋钮"形状，柱身则多饰以龙凤纹以及云回纹，柱头处常以"福、禄、寿、喜"等字镌刻于上，这种类似于汉族官式建筑"垂莲柱"的柱子悬空排列，使土家族吊脚楼更显得轻灵飘逸。土家族吊脚楼的挑柱主要依靠工匠人工砍凿来制作，技艺高超的传统工匠能熟练挥动斧子，在短时间内砍凿出生动的金瓜造型，它具有机器所不能制作的人工痕迹之美。

（三）门窗

门窗是土家族民居装饰的重点部位，门的装饰是门框与门扇，重点在门扇，有木板镶拼雕花门，也有细木榫接格栅门；窗的装饰主要是窗棂，一般用细木榫接雕花而成。窗的形式种类丰富，主要有花窗、直棂窗、槛窗、支摘窗、横批窗等。直棂窗又分为板棂窗、破子棂窗等。花窗与槛窗是所有窗中装饰档次与规格最高的，雕刻精细、做工讲究。门窗的雕饰题材内容多是花卉植物、龙凤蝙蝠、万字福字、吉祥如意等纹样，造型质朴，手法古拙而精细。常见的棂花图案有梅花、荷花、竹子、海棠等植物，也有龙、鱼、麒麟、蝴蝶、鸟等动物图案。

例如咸丰县蒋家花园的蝙蝠图案种类丰富，不仅有复杂形态的蝙蝠造型，还有大胆抽象化的蝙蝠造型。例如，一楼天井旁的窗户中心有四只蝙蝠，围合成一个封闭圆形。木匠为了制作的方便，必须对蝙蝠的形体进行高度概括。蝙蝠的形态特征抽象但不单调，表现出了蝙蝠的基本形体特征，体现了土家族木匠较高的艺术水平。

窗户多用细木榫接雕花而成，是镂空形式，因此夏季通风良好，而冬季则需要加上布帘用于遮风防寒。这种窗雕刻技艺高超、工序烦琐，如今的工匠很难做好这样的窗雕，这种木窗在新式土家族民居中已很难再见到，它们大多遗存于传统古建筑之中。

（四）板壁

土家族吊脚楼落成之后就要开始装修装饰了，装饰涉及门窗隔扇、吊顶、栏杆等。板壁主要是对屋子起到围合的作用，没有板壁的吊脚楼终究不是一座完整的吊脚楼。板壁不仅仅指围合墙体的那部分，它还包括屋顶的天花板与地板，土家族人分别俗称为天楼板与地楼板。

土家族的板壁安装主要有三种方法：一板一焊法；落堂法；平缝法。一板一焊法是用一块公子板与一块母子板拼接；落堂法一般是用于做门的板壁，板的两面平滑，而枋不平；平缝法是指板子与枋一样平，但是板的两面不平。如今的土家族工匠大多采用平缝法，这种安装法更加精美，更容易获得屋主的认可。

安装板壁的环节需要做很多精细化的工作，土家族工匠一般都制作了各种不同功能与规格的刨子，用不同的刨子刨出不同的弧、槽、脚，木质墙板材料多采用刷桐油的方式，保持木材的原色。此外，檐口、屋脊顶一般刷彩漆。

（五）屋顶

恩施土家族地区的屋顶装饰主要是屋脊部分，装饰风格简洁素雅，被当地人称为"清水脊"。这种装饰主要就是在屋脊的屋檐角实施轻度的弯曲起翘，常见的有"龙抬头"、"莲花瓣"、"亮孔寨"等。屋顶筑脊的目的是防风、防漏、坚固耐久。土家族工匠一般将屋脊处理得十分简单、巧妙，常用小青瓦叠砌而成，竖立的小青瓦从中部分别向两头倾斜，脊角也由小青瓦叠砌而成，一般都略微向上翘起。经济条件较差人家的屋脊做法更为简单，盖瓦之上不再竖立小青瓦，脊角也变得平缓。整个房屋外观朴素、自然、清爽。[①]吊脚楼装饰中各种动植物与故事情节的造型使人感受到土家族人与自然的和谐旨趣以及他们对宁静、恬淡之境的热爱。

二、民居装饰"物情相通"的生态之美

以木构架为主的干栏建筑与土木结构建筑是土家族民众以物寄情的表现。土家族民居中的木雕作品粗犷大气，有着很高的观赏价值和民族文化内涵，它以门窗、桌椅、床铺、农具等作为依托，表现出翘角飞檐活泼灵动的气势。土家族雕刻的题材、图案与土家族民众的生活息息相关，表达了土家族与自然、社会的紧密关系，表现了土家族以物寄情和物情相通的审美意境。

例如，土家族民居的门窗上就雕刻有"双喜临门"、"瑞兽双蝠"、"喜鹊登梅"等纹样；房屋主梁上雕"二龙夺宝"、"双凤朝阳"；厅堂两侧门楣上刻有"大仙送子"、"三羊开泰"；屋檐、椅子刻有"八仙过海"、"棋琴书画"、"梅兰菊竹"、"松竹梅"等吉祥图案。这些纹样都具有某种吉祥的象征寓意：石榴和鱼因为多籽，成为生命繁衍能力的象征；"鲤鱼跳龙门"象征升官发财；"连（莲）年有余（鱼）"、"马上封侯（猴）"、"喜（喜鹊）上眉梢"，福（蝠）、禄（鹿）等，通过谐音表现土家族对吉祥与幸福生活的深切期望，体现出土家族民居建筑装饰以物寄情、物情相通的精神内涵。恩施土家族民居表现出土家族人淳朴、豪放的民族风情，它遵循着土家族独特的审美规律进行装饰美化，体现了土家族的哲学观和审美观。

---

① 罗仙佳：《鄂西土家族传统民居建筑美学特征研究》，武汉大学硕士学位论文，2005年。

小溪民居窗雕图案（一）　　　　小溪民居窗雕图案（二）　　　　鱼木寨民居中的雀替造型

蒋家花园窗雕蝙蝠图样（一）　　　　蒋家花园窗雕蝙蝠图样（二）

鱼木寨土家族民居窗花（一）　　　　鱼木寨土家族民居窗花（二）

第五章 古墓葬建筑及雕刻

　　土家族是一个古老而又年轻的民族，在漫长的历史进程中，土家族创造了极富民族特色的传统文化。在崇山峻岭的地理环境中，土家族与石结下了不解之缘，他们的生产与生活离不开各种石材，并在实际使用过程中形成了自己独有的石雕艺术风格。

　　恩施土家族石雕艺术根植于当地独特的地域自然环境、文化民俗风情以及多元化的文化交流氛围。经历漫长的文化积累与发展，恩施土家族传统石雕从最简单的手工艺上升到具有生命活力的艺术形态。墓葬雕刻是恩施土家族石雕艺术的重要表现，很多高水平的雕刻作品大多都是在土家族古墓葬中发现的。古代的土家族人大多居住于岩洞中，死后亦多土葬于荒野或崖穴，从明末开始土家族才在坟前立墓碑。恩施州的墓碑石刻造型式样丰富。恩施土家族人虽然处于相对闭塞的武陵山区，但是其传统墓葬雕刻艺术在观念上并不故步自封，土家族人具有兼容并蓄的开放心态与精神，他们善于吸收各种先进文化，将它们用于本民族原有的文化传统中，并不断更新，形成新的艺术风格。

第一节　唐崖土司城墓葬

　　唐崖土司城西北与忠路土司、沙溪土司及四川省彭水县接壤。最西北部为今活龙坪乡。康熙版《彭水县志》载："（彭水县）北至清明山九十里，界于湖广中路、唐崖二土司。""黑门堡，（彭水）县城东北，唐崖司接壤，设立把总防汛。""凤池山，山高数千仞，四围峭壁陡绝，壤接唐崖、沙溪诸土司，居民常据此为险。"在唐崖土司城遗址中发现的土司时期的墓葬有12座，其中6座位于城址内西北部地势较高的台地上，另外6座有5座位于城址以西玄武山山林之中，1座位于城址以南。土司城墓葬区包括皇坟、覃鼎墓、田氏夫人墓、将军墓群等。皇坟是土司城中规格和等级最高的，毗邻皇坟的是田氏夫人墓。覃鼎墓位于皇坟西侧，有明确记载。皇坟的西北，有多座将军墓，其具体的墓葬主人及时期待考古证实。

　　唐崖土司城遗址境内较完整地保存了土司皇坟墓葬区，皇坟占据皇城所在玄武山中心之突出山嘴上，体现其无可取代的核心地位。皇坟为石材仿木结构，墓室内外雕镂工艺精雅，祭台古朴而厚重，气势恢宏。在墓后200米远的玄武山上，有两株古杉，枝叶繁茂，相传系土王覃鼎和夫人田氏共同栽培而成，人称"夫妻杉"。该树所处的位置正是龙头上方，两棵树正好形成龙角之势，使整个土司城更有生气。玄武庙位于玄武山地形之尾部，该尾部为两山合抱之势，其间有凸起的土堡，呈现二龙抢宝之势，亦有"神龟孵蛋"之意象。玄武庙背后有十八株大树（现仅存三株），镇山护气，是重要的风水节点。从总体布局看二者的关系，颇像龟形，皇坟为龟首，玄武庙为龟尾。龟象征着福寿，寓意吉祥。背有龟形山，与玄武相应，与风水上的吉相吻合。

一、土司皇坟

土司皇坟，当地人称为王坟，位于唐崖土司城内西北方向的坡地上。该墓墓园面积约400平方米，风格宏大而华丽。墓室面阔四间，前有抹石门8扇。墓室前是用精美的石栏杆围合而成的拜台，用梯形石板铺筑。墓室入口处是石制仿木结构重檐建筑。屋面长约7米，以筒瓦雕饰，嵴雕以龙首装饰，檐下设置斗拱，5根廊柱形成4间墓室。廊顶雕刻圆形藻井图案。墓园的正前方筑有三级台阶。墓葬由祭台、墓室和封土构成，墓前祭台由高一米左右的"八"字形石壁围合。祭台前端各立一小兽雕像，两侧饰以精雕麒麟。祭台连接墓室，墓室外观为石雕仿汉地四开间殿堂式，高4米。

墓室以整块砂石合成，内设石棺床，后有壁龛，椁室由砂岩钻凿而成。室间以整块巨石隔开，中雕小格窗，窗眼为钱纹图案，可以相望。室顶雕刻藻井，以花卉为纹饰图案，内部对应四开间建筑形象。在祭台栏板、石壁、墓室内部等处，雕刻有花草、瑞兽、团花、云纹等汉族风格的图案。

此墓于明洪武初年（1368年）修立，墓主人为唐崖第二代土司覃植什用，它是整个西南地区保存最完好的一座大型土司墓葬建筑。整个墓葬建筑的形制为半地穴式，共有石砌椁室四间。土司皇坟的环境选址、建筑格局、造型样式都极为讲究，堪称土家族墓葬文化的经典，它具有三个显著特点：第一，整体布局考究。第二，选址环境得天独厚。第三，设计巧妙，独具一格。与平原地区的陵墓相比，土司皇坟所处的环境密切结合山川水流的灵动，生态条件更加优越，更能凸显肃穆庄严而又自然清雅的氛围。土司皇坟的环境风水属于墓葬的风水，也有土家族自然观的反映。土家族自然观以天、地、人为一个宇宙大系统，追求万物的和谐统一，以"天人合一"作为最高境界，这种思想在土司皇坟的营造中也得到了体现。

二、覃鼎夫人田氏墓

覃鼎夫人田氏墓建于明崇祯三年（1630年），该墓位于土司皇坟的左后方，比土司皇坟更高一些。墓前设有石碑与石牌坊，石碑高度1.9米，厚度0.93米，基座高半米，上面写着"万古佳诚，乾坤共久"八个大字，由此彰显出田氏夫人当年在唐崖土司城的功德和威望。石碑雕刻有几何花纹图案，碑面中刻"明显妣诰封武略将军覃太夫人田氏之墓"，前记"孝男印官茵宗记"，后题"皇明崇祯岁庚午季夏吉旦立"，此墓主人是唐崖第十二代土司夫人田彩凤。墓前5米处是一座较矮小的石牌坊，造型素雅简单，无雕饰花纹。石牌坊高3.5米，边高2.5米，中门宽2米，侧门宽1.4米。牌坊两侧设鼓形石护柱，三开间枋上刻字，上以石为枋，凿榫相接。

覃鼎的军功是由功德牌坊来彰显的，田氏夫人的故事则是通过世代子民口口相传的。田氏是龙潭土司的女儿，才智超群，精明能干，乃女中之佼佼者。当年唐崖覃氏土司与龙潭田氏土司之间常年为了争夺地盘而兵戎相见。为了平息战乱，龙潭土司提出"和亲"之策，于是田氏作为和平大使，与唐崖土司之子覃鼎结为夫妇。土司之间的战争也因此偃旗息鼓。

土司皇坟

土司皇坟局部构造

第二节　鱼木寨古墓葬

鱼木寨现存大型墓葬共九座，最早的建于清道光十五年（1835年），其他多建于清同治、光绪年间。这些墓葬的碑刻大都显示了土家族墓葬建筑雕刻水平的高超。其中可称为精华的有三座：位于祠堂湾的成永高夫妇合葬墓，位于生基嘴的向梓墓，以上二墓之间的向梓夫人墓。据调查了解，始建于1938年的向广柏墓比上述三墓更为宏大奢华，可惜在20世纪50年代因当地兴修水库，此墓遭取石而损毁。

在墓葬建筑空间选址与布局上，土家族先民同样依照传统的风水观，根据环境进行规划。鱼木寨土家族先民在墓葬选址时很重视朝向，当地有"阳对垭，阴对包"的风水观念，也就是阳宅朝向垭口，阴宅朝向山包。山包形状凸起，象征"阳"；垭口凹陷，象征"阴"。阴宅的不同朝向显示了土家族墓葬风水观的阴阳平衡思想。目前寨内保存最完整的成永高夫妇墓（双寿居）借助了"鼓柄"这一"金线"似的龙脉，坐落在形如靠椅的山槽端，左右为成氏子孙的阳宅，阴宅两门与阳宅直通，活人与逝去的祖先共处。

满益德教授将鱼木寨墓葬大致分为三类：单体式、复合式、混合式（亦称组式）。复合式又可分为庭院复合式、楼阁复合式和牌坊复合式。恩施土家族墓碑建筑结构丰富多变，但是通过归纳，其基本结构有碑顶、碑帽、抬板、门楣、碑柱、明间、乐堂等。

一、双寿居（成永高夫妇墓）

双寿居，又叫"成永高夫妇墓"，位于恩施州利川市谋道镇鱼木寨中部的祠堂湾，建于清同治五年（1866年），它坐西向东，占地117平方米。从成氏墓碑的整体布局来看，它完全是仿照庭院式住宅，全景望去犹如豪宅院落，庄严肃穆，是鱼木寨墓葬体系中最具代表的

双寿居

作品之一。石制的庭院里有左右院门与门楼隔墙，有象征堂屋的墓碑正面，形成一个完整空间。人生于自然，回归于自然，无论生与死，人与自然形成整体，体现了"天人合一"的哲学观。成永高夫妇墓由三面墙体和坟茔合围而成，中间石拱圆门将此墓院分为内院和外院。中、南、北各一门，三门两院，南北两侧墙面开有拱券大门，为入院之用，间墙开一门连接内院和外院。内院正中耸立着墓碑，为四柱三厢两层式庭院结构，下层为松梅亭，上层为窀穸堂，属于墓碑的典型结构。碑顶为巨大的"寿"字变体，"寿"字旁双龙图案围绕。

墓葬装饰图案主要分布在围墙、门楣、支撑柱和墓碑等处，既有镂空图案，也有雕刻图案，纹样有龙纹、虎纹、龙凤图案、牛羊图像、花草纹、万字纹、各式

几何图案，人物图像有牵马图、骑马图、迎亲图、下棋图、征战图、划船乘舟图，神态各异。雕刻图像丰富，院门、围墙、墓碑碑体、围栏上都刻有文字和雕刻图案，内容多样。[1]且院落正对墓碑的门两侧分别雕刻巨大的"福"、"寿"二字，且"福"、"寿"二字周围万字纹围绕一周。在鱼木寨其他的墓碑上，"福"、"寿"二字都较多，此为鱼木寨一大特色。

二、向梓墓

向梓墓位于恩施州利川市谋道镇鱼木寨寨顶西侧松树湾，始建于清同治五年（1866年），它坐西南朝东北，占地117平方米，属于碑前楼阁复合式结构。该墓空间层次分明，形态高耸伟岸，墓葬结构分为四部分：牌坊、碑前石亭、墓碑、坟茔。牌坊已毁，石亭为四柱三厢三层式，通高6米，

向梓墓

宽3.8米。抱厦与正碑连为一体，碑顶高托印绶，中间有阴刻"皇恩宠赐"，以五条长龙覆于四周。碑体为三厢式，正碑为空，似空心圆拱石门，两侧碑体阴刻墓志。墓碑为猪槽式碑，碑体厚实，中部凹陷较深。

墓碑顶层中央竖向刻有"封典"两字，两旁墙壁上竖立官样人俑，周围用花草纹、卷云纹装饰。向梓墓的一大特点是，碑联内容较为丰富，共有六副碑联，均为阴刻。向梓墓的另一大特点是纹饰较简洁，以书画图案为主，另有花草纹、云朵纹、龙虎纹、万字纹。向梓墓最有特点的是墓碑抱厦顶板上的圆形"福"字，字形与龙凤交尾形态合一，带有动物的生机与活力。下层为长方体条石状碑柱，刻有墓主的姓名。碑前牌坊呈现四柱三厢三层式结构，柱上雕刻花鸟与人物，二、三层刻"阃范长存"、"人杰地灵"，碑背面有"诰封"等字样。向母阎氏墓牌坊顶板刻有"寿"字，以一圈圆形的八卦图围绕，东西两侧各蹲踞一只高浮雕石狮子。该墓葬装饰图案以文字石刻为主，四周均装饰有丰富雕刻内容。正面刻有八仙人物形象、乘船图、游玩图；背面浮雕花草纹、人物牵马图、对弈图等。层级分明，造型生动，构图规范而又自由，是古代墓碑建筑之精品。

① 牟林霞：《湖北利川鱼木寨古民居与古墓葬调查报告》，重庆师范大学硕士学位论文，2017年。

鱼木寨双寿居古墓葬石栏杆

古墓葬镂空石雕

向母阎氏墓

第三节　墓葬雕刻题材

　　土家族墓葬建筑的雕刻题材内容包括花鸟虫兽、人物、器物、文字等多种类别。它们有的画面简单，有的进行繁杂的搭配组合，表达各种象征意义与精神寄托。

一、花鸟虫兽类

土家族人生活于自然山水间，相信万物有灵，对大自然充满真挚的热爱和感恩之情。自然界的花鸟虫鱼、飞禽走兽在土家族人的心目中都被认为是吉祥的灵物，深受土家族人喜欢。花枝繁茂、鸟儿嬉戏给人一种自然生命气息。"蝠"与"福"谐音，蝙蝠成为土家族人经常使用的雕刻题材。这些题材往往被搭配使用，代表不同的含义：鸳鸯戏水，寓意是夫妻恩爱；喜鹊与梅花组合，寓意是喜上眉梢；莲花与鱼搭配，寓意是连年有余；鲤鱼跳龙门，寓意是金榜题名；蝙蝠、鹿、兽、喜鹊组合，代表福禄寿喜。龙作为中国传统文化符号，更是频繁出现在土家族的墓葬雕刻之中。

二、人物类

人物类图案是土家族墓葬雕刻常见题材，比如历史故事、神话传说、世俗民情等。土家族人善于学习其他民族的文明，许多故事都来自汉族，这些人物类雕刻质朴而传神，表现内容非常广泛，如精忠爱国、善恶忠奸、渔樵耕读等，传递了诸多历史信息、道德观念，对民众起到了一定的教化作用和知识传递作用。

三、器物类

土家族人生活中使用的许多器物，不论是琴棋书画、文房四宝，还是生活用具，都能在土家族木雕中找到踪影。琴棋书画、文房四宝、博古架等多出现于书香门第，寓意是学识高雅；团扇意指团圆。置于桌上的官帽，置于地上的元宝，组合起来，寓意是状元及第。另外，镜子和宝剑，寓意是辟邪祈福；船象征一帆风顺，又可与帽冠、石榴组合，寓意是冠带流传；五谷丰登表现土家族人祈盼丰收……这些器物与土家族人的日常生活息息相关，彰显了土家族的价值观。

四、文字造型类

文字造型通常与动植物组合，通过将文字抽象变形赋予其韵律之感，搭配上动植物的纹饰而成，或巧用动物本身的姿势造型组合成吉祥文字，颇为巧妙，突出吉庆祥瑞的主题。土家族用得最多的是福、禄、寿、喜等字，抽象变形的文字不仅富含韵律之美，还呈现了原本的文字笔画结构，再结合具有独特涵义的物象和纹饰，整体质感浑厚、颇具气势。除此之外，也有不少渔樵耕读的文字造型。土家族地区尚处于农耕时代，从官宦人家到普通民众都崇尚农业生产和读书入仕，这是实现人生理想的重要途径，一旦成功就可以光宗耀祖，因此土家族雕刻也多以此为题材。

第四节　墓葬雕刻艺术特点

恩施土家族传统建筑雕刻艺术与地域环境密切相关，它是恩施土家族山地物态的一种显现，但是并非对客观对象机械的再现，而是土家族创造性思想的映射。土家族工匠重视石雕艺术本身的审美规律与形式规律。在石雕造型上，他们多倾向于夸张表现的艺术手法，突出自然对象的内在精神气质，将对象赋予了生命与情感个性，形成了创作者与对象的一种情感沟通，有别于西方那种纯写实的冷漠艺术写生方法。恩施土家族石雕在题材选择上，既选择经典故事，又带有自己的创造性与包容性特征，并有一定的教化功能。恩施州独特的地域性特征对于恩施土家族传统雕刻艺术风格的形成起到了根基作用，体现在画面内容构成上，是土家族艺术、信仰、科技、自然的有机融合。在审美风格上，它具有神性美、自然美与质朴文雅等多种艺术特征，是恩施本地原有土家族传统艺术与外界文化交流的产物。

一、兼容并蓄，风格多样

鱼木寨的墓葬建筑造型多样化，从整体结构上来看有单体碑式、庭院式、楼阁式等多种样式。从雕刻技法来看，有浮雕、圆雕、透雕等多种形态。圆雕是指前后左右各面均施以雕刻，完全立体，有实在的体积感，从周围任何角度来看都具有观赏性。圆雕多用于神仙、菩萨、历史人物等题材。从庙宇里供奉的神像来看，人像雕塑做得完整、端庄、粗犷、质朴，人物神态刻画得神采飞扬、活灵活现。木雕的技法绝不是一朝一夕之间产生的，它是伴随着人们对木雕的认知及其题材内容等要求而逐渐出现的。对技法的了解有助于我们了解木雕形成与完善的过程，这对更全面认识和解读它有重要作用。从表现出来的技法看，土家族木雕技法主要为圆雕。浮雕又称剔地雕，是把图案以外的地方剔除并留出底板料，利用凹凸和透视来表现景深效果，只能从正面欣赏。根据其对造型压缩的程度又分为浅浮雕（半浮雕）和深浮雕（高浮雕、半圆雕）。

二、古朴稚拙，厚重有力

"古朴"指朴素而有古代的风格。语出唐代裴铏《传奇·颜浚》："同载有青衣，年二十许，服饰古朴，言词清丽。"恩施土家族墓葬雕刻风格古朴简约，不矫揉造作，不过度堆砌烦琐，具有贴近自然的纯真之气。石雕艺术作品大多来源于土家族群众的生产与生活实践，是由此进行提炼与加工的产品。因此，雕刻内容与风格都具有浓郁的生活气息，与观看者达成了心灵上的沟通。建筑雕刻的设计是以满足人的活动需要为目的的，再美的建筑雕刻也离不开人文背景。

土家族墓葬雕刻不追求浮华与造作之气，雕刻作品风格与土家族的民族性格与精神息息相关。土家族地区自古便是山峦叠嶂，地势陡峻，属于典型的山地农业经济模式。清人董鸿勋记载道："土人之地，重峒复岭，陡悬崖，接壤诸峒，重耕农，男女合作，喜渔猎，食擅信巫。虽轻生好斗，而扑着醇厚，稼穑而外，不事商贾。本寨数十里之外，辄为足迹所不至。男耕女织，不事奢华，颇有古风。"①这反映了土家族崇尚简朴的生活态度，这种态度必然对艺术创作产生直接影响。

以鱼木寨双寿居墓葬雕刻为例来具体分析，首先，墓碑上的浮雕人物造型比例并不符合真实的人物比例关系，然而这种所谓的比例不准确正是雕刻艺术古拙之趣的体现。通过对鱼木寨整体墓葬雕刻技艺的整体观察，可以看出当时的土家族工匠的技艺水平实属高超，这样的造型方式应该是他们有意为之。其次，土家族墓葬雕刻中人物的动作普遍比较夸张甚至滑稽，刚好与希腊古代雕塑的严谨准确的动作形成鲜明对比，渗透出一种富于生活色彩的朴实姿态。这种稚拙的动态造型没有任何浮光掠影的巧妙掩饰性加工，也没有封建帝王桎梏下的严肃拘谨的形态，在这些人物石雕内部，传达了恩施土家族人内心的自由自在与朴实无华的生活态度。最后，这种雕刻造型的朴实之处还在于造型的简洁，雕刻并不运用过多的艺术语言，却能言简意赅地表达出人物的精神气质与画面氛围。这种简洁具体体现在：一是线条的"拙"，如人物的外形线条，衣纹的线条都很实在；二是脸部五官的刻画不求逼真细腻，而求生动传神。

唐崖土司城内张王庙的石人、石马也具有古朴厚重、深沉有力的艺术特征，人与马石雕形象高大，由整石雕刻而成，使用了恩施市与咸丰县清坪镇特有的绿豆沙石。马匹整体呈现浑圆之态，马的脖颈粗壮有力，弧度与筋肉紧绷的质感刻画较好，突出了石马整体之动势。石马的前腿上抬，比真实的马腿粗壮数倍，呈现奋然腾起之势，蹄下有祥云衬托，更显昂扬之姿。唐代白居易的诗"背如龙兮，颈如象，骨竦筋高肌肉壮，日行万里速如飞"正好可以形容此马的造型特点。石马雄健有力，精神饱满，又显得机敏灵活。

再看局部细节之塑造。马头健硕，五官适度夸张，神态自若，眼、鼻、嘴皆显示简单之美，均匀的弧线与形态，毫无矫饰之意。马的鬃毛采用浅浮雕的造型法，颈部上端一条鬃毛呈弧形顺势而下，脖颈左右两侧各有五条鬃毛紧紧贴于肉上，实实在在，并无烦琐之巧饰。缰绳也雕刻为很简练的弧形，并无太多曲折变化，其厚度达到7～8厘米，超过真实的厚度。

马鞍塑造得厚重而富有质感，两侧下端采用浅浮雕的方式雕刻有圆形的连枝花，进行了适度的美化，给人以朴实之美。马旁边的军士塑造得也很厚重结实，身体姿态动作不大，形体塑造简练稚拙，不求客观写实与准确。五官适度夸张，双目圆睁，宽嘴大鼻，富有民间气息与生动之趣。

唐崖土司城石人与石马

① 杨亭：《土家族审美文化研究》，西南大学博士学位论文，2011年。

唐崖土司城牌坊下石狮子

土司皇坟右侧浮雕与雕像

墓葬雕刻古朴厚重的造型特点与恩施土家族人的形象思维方式有直接关系。武陵山将土家族圈在"世外桃源"之中，大山将他们分割成千万个小群体。这种分布格局阻隔了土家族的竞争机制，挡住了他们的视线。他们见到的是周围的山水和动植物，以及为数不多的远亲近邻，头顶是被山尖隔开的一小块天际，外面的信息被阻断了，听到的是古老的传说故事，过的是与世无争的农耕经济生活，最大欲求莫过于家室殷富，人丁兴旺，子贤孙孝，老有所养，邻里和睦，亲友相爱。①

土家族的思维方式缺乏科学理念，他们思考的对象离不开周围的人和物。他们想象不出希腊文化中神的世界，也想象不出印度人的"极乐世界"、基督教的天堂和地狱，构造不出儒家文化的伦理等级框架以及"天人合一"思想。只能构建"白云假说"、"孵生说"这种原始的学说。

恩施土家族传统文化中的形象思维并不妨碍土家族对外来文化的吸纳，土家族实际上是一个善于吸收优秀文化成果的民族。①

三、气韵生动，不求形似

唐代画家张彦远对"论画六法"进行了阐释："古之画，或遗其形似，而尚其骨气。以形似之外求其画，此难与俗人道也。"这说明一幅优秀的画作不能局限于追求表面的形似，更应该注重形似之外的"骨气"。这里的"骨气"实际上就是人最本质的生命精神。雕刻作品与画作类似，也应该如此。从恩施土家族传统墓葬雕刻作品之中，我们可以看出土家族工匠对"骨气"的艺术把握。土家族工匠刻刀下的对象，形象稚拙却神形兼备，雕刻线条简洁流畅，画面生动传神。在人物的雕刻上，土家族工匠善于以意造型，以神聚形，画面人物身体各部位比例也不符合近大远小的透视规律。人物面部只作大体轮廓的雕刻，粗略交代五官

---

① 黄柏权，吴茜：《土家族传统文化的特质》，《中南民族大学学报（人文社会科学版）》2002年第4期。

位置，不求精细雕刻。人物雕刻造型意在突出稚拙、明快的感觉，传神地表现人物形态。土家族工匠擅长运用夸张与变形的手法，将人物和环境完整展现在同一画面，使得构图更为饱满。

土家族墓葬建筑雕刻并未追求对物体的客观再现，没有局限于事物表面的模仿，重在把握对象的神韵与本质精神。顾恺之在《论画》中提出："小列女，面如恨。刻削为容仪，不尽生气。""容仪"即对象的形似，如果创作者在创作时为形似与逼真所限制，其精神就会完全集中在此，难以把握到物体融合神韵的形态，导致只有僵化的形似而无神，即"不尽生气"。①土家族雕刻师用自己的眼睛，把握对象之形体，将视觉活动与想象力融合在一起，深入对象的内部本质（神）。在这种情况所得之形不止于眼睛所见之形，而是与想象力所渗透的本质结合，并受到本质规定之形；在其本质规定以外者，将遗忘而不顾。这类似于《庄子·养生主》庖丁解牛之所谓"以神遇而不以目视"，亦即顾恺之《论画》之所谓"迁想妙得"。"迁想"即想象力，"妙得"即得到对象的本质、对象之神。①在恩施土家族传统墓葬建筑雕刻之中，土家族工匠的精神与对象的本质融为一体，人之神因为获得了对象的本质特征而变得更加自由圆满，必然就超脱了物体对象表面形态对人的约束。

在鱼木寨，八座土家族古墓葬都雕刻有站立两人俑，主要身份为文臣武将。在双寿居墓葬，相对站立的人俑手持"长岁其祥"、"加官进禄"字样的横幅，表明他们是墓主的保护神。向母黄孺人墓、向梓墓等墓葬的官人形象造型简洁生动，不求毫发毕现，侧重于对人物神态与内在心情的刻画。人物神情大多是安详之中略带愉悦，仿佛这种神情发自人物的内心世界，土家族雕刻师通过对微妙神情的刻画，将没有生命的冰冷石材仿佛变换成为带有生命力的血肉之躯。同样，在各种花草树木的雕刻中，土家族工匠也将这些非人的对象塑造成了拟人化的对象。

双寿居之"逍遥亭"门楣浮雕局部

① 徐复观：《中国艺术精神》，商务印书馆，2010年版。

四、散点透视，自由组织

恩施土家族传统墓葬雕刻继承了中国古代绘画的散点透视法，尤其是在浮雕和透雕作品中，不追求焦点透视，而是采用传统中国画的散点透视原理，把平视透视的人物放在最重要的位置，配以鸟瞰透视的环境，这与西方焦点透视从审美主体固定的视角出发来表现事物大异其趣。西方雕刻是根据"焦点透视法"来处理画面空间，从人的单一视角出发，表现人眼睛中的固定的真实画面空间。"焦点透视法"实际上是以一种科学的光学理论来指导艺术创作的方法，它对于被遮蔽的物体并不公平，带有人类中心主义的烙印。正如沃尔夫冈·威尔什所说："全景的展示取决于观者的眼睛与立足点。人的标准处于整幅画面的中心。这样看来，透视绘画中的人类中心主义是根深蒂固的……"[1]恩施土家族传统墓葬雕刻作品继承了中国传统绘画"景随人迁，人随景移，步步可观"的艺术创作方法，将不同视角观到的对象统一安排于画面之中，使远近之地、阴阳之面，甚至里外之物都能呈现。

土家族工匠凭借自己的生产生活经验以及对宇宙万物的理解，主观地经营画面，将不同时空范围内的物体结合起来，超越了固定时空的界限，抽取了最能展现物体本质的各种形态，舍弃了一切次要的烦琐细节与背景，雕刻出宇宙万物的生命光彩。土家族散点透视的表现更加自由，体现了对自然对象的重视。此类题材中的雕刻改变了物体的原始比例关系，也不遵循近大远小与近实远虚的自然透视规律，突破了时空的界限，一切为着自由表达来经营画面。

以鱼木寨"双寿居"墓葬"逍遥亭"门楣石雕为例，土家族工匠在传统雕刻艺术中寄托了土家族民众的生活与生命意愿，主体的地位在雕刻作品中得到体现。土家族人通过雕刻寄

双寿居墓葬石雕（浮雕）局部

---

① 曾繁仁：《生态美学导论》，商务印书馆，2010年版。

托了自己的理想与精神。在雕刻创作过程中，土家族工匠的个人创作能动性与想象力都得到了发挥。墓葬雕刻以高浮雕为主，搭配少量浅浮雕花卉图案，各种人物、动物、植物的形态都不是一个视角，土家族工匠将平视、仰视、俯视等不同角度观看到的对象安排于同一画面，还将不同远近与内外之分的物体充分展示出来。画面中"双人对棋"、"开船启程"、"妇人舞扇"、"老者牧牛"等场面都属于不同空间与远近角度，工匠通过散点透视法将它们自由组织，不分远近、无论主次，使各个客观形象都成为画面的主体。这种创作手法超越了单一焦点透视法的桎梏，使作品的艺术表现力得到增强，获得了视觉表象之外的更大自由。在鱼木寨墓葬有关花鸟题材的组合雕刻画面中，不同远近的物体皆可以出现在画面同一远近之位置，作为远处背景的花卉或山体并不遵照近大远小的透视规范，而是被故意放大，以有利于雕刻画面的艺术安排。

第五节　墓葬背后隐含的土家族生死观

一、阴阳相通的生死观

生与死是生命的两极，是人类社会生活最重要的问题，也是所有人都无法回避的现实问题。生与死的出现神秘莫测，引发了各个民族对其谜团进行年复一年、殚精竭虑的思考与求索，因而逐渐形成了各个民族不同的生死观。

生死观涉及人的灵魂问题，必然与身心问题相关。柏格森认为，随着现代哲学的产生，身心问题成为一个真正难以解决的理论难题。他在一次演讲中说："此问题对于柏拉图主义者、亚里士多德主义者、新柏拉图主义者都不成其为问题，对于他们的理论而言，把身体嵌入心灵，或者将心灵嵌入身体，并不是什么困难的事儿。"[①]只有对于现代人，这个问题才变成一个大难题。柏格森还注意到，对于古代人来说，从物质到精神，从身体到灵魂，这样一种过渡都不是一个难题。但是对于现代人而言，这些过渡变得难以企及。因为随着现代科学的诞生，现代人在物质与精神之间、身体与灵魂之间有一道难以逾越的鸿沟，现代科学把所有的现象都表现在空间之中，将它们归结为一些不变的规律，并且通过一些数学函数表达出来。[①]对于土家族人来说，身体与灵魂之间的过渡并不难理解。灵魂观念是土家族人整个信仰世界的基础，他们的生死观正是在此基础上产生，他们认为生命是肉体与灵魂的一种二元存在，肉体可以消失，但是灵魂是永远不灭的。死亡并不意味着寂灭，而只是将生命转换成了灵魂存在，这种转换对于生者而言是有利的，生命存在的痛苦忧伤转化成灵魂存在的永远无忧。这种生死观化解了世间的生存艰辛与痛苦的感受，对于土家族人是一种精神解脱。生与死在土家族人看来就是一种无限的循环，体现了土家族人对待生死的达观态度。

---

① 邓刚：《身心与绵延——柏格森哲学中的身心关系》，人民出版社，2014年版。

二、厚死薄生的墓葬习俗

恩施土家族村寨自古流传着"厚死薄生"的民族习俗，为已逝者树碑立传的风气甚浓，其中以鱼木寨最为典型，正如鱼木寨本地民谣所唱："亡人死去好有福，睡了一副好板木。"当地人愿意花费大量金钱在生前打造死后的墓葬。鱼木寨现存大型墓葬多数为生前所修生基，至于碑屋，鱼木寨一带则多达十余处。现存的成氏墓、向梓墓都曾经是生基[①]。据当地老人介绍，生基嘴附近也曾有两座生基，修筑时代早于成氏墓。鱼木寨最宏伟的墓地建筑"木郭儿"也是一座生基。鱼木寨盛行厚葬习俗，从"成志高墓志"获知：成氏为预修寿茔费时四载，耗费千百余金，而当时"每年修房鱼木寨造屋耗费百金"。再从向梓墓来看，墓地的奢侈繁华与墓主人的官位和经济实力，甚至生前所居住宅差距悬殊，充分反映了当时鱼木寨人对死的重视。他们重死胜于重生，认为死者并未真正死亡，而是以另一种形式存于另一个世界，因而对待死亡尤其重视与谨慎。

保存完整、规模宏大、雕饰精美的明清墓葬建筑是古寨内最为奇异的文化遗存。土家族人把生命看作一个循环往复的永恒过程，而非不可逆转的过程。这种生死观消除了生、死之间的绝对对立，将生命置于永恒。土家族人认为死者与家族联系的纽带没有中断，他们作为祖先灵魂存在，受到后世子孙的敬仰与祭祀，他们仍然可以保持着活着时候的权威来行使奖惩的权力，他们能给家族带来吉祥。成永高夫妇墓是寨内现存最大的一座古墓，成氏墓作为阴宅与子孙后人的阳宅直接相连，两者虽阴阳有别，但同为居所，它们在人们心理上有着紧密的联系，在建筑实体上也呈现了土家族人生死无界的思想。也许外域人很难理解这种现象，可鱼木寨人对此却习以为常。

鱼木寨石雕艺术是土家族族群智慧外化创造而成，在创造活动中同样依循着族群的价值观。因而，鱼木寨石雕承载着族群的精神价值。化丧为喜是土家族人独特的洒脱的人生态度。鱼木寨土家族文化博大精深，其中丧葬文化是重要组成部分，具有浓厚民族特色，体现了鲜明的土家族生死观，反映了鱼木寨族群对待生死坚毅的性格，乐观的人生态度。

鱼木寨向母阎氏墓墓碑顶部雕刻

①所谓生基，就是人生前就将自己的坟墓修好；所谓碑屋，就是将坟墓埋于住宅之中。

第六章　土家族园林

　　土家族人在民居建筑、祭祀建筑、防御建筑上显示了本民族的建筑智慧，这些建筑满足了生存的基本需要。此外，土家族也是一个追求浪漫的民族，虽然险峻的山地环境造成本地的经济发展水平相对滞后，但是在满足基本生活需求的情况下，土家族人也很善于利用本地域天然的环境与资源为自己营造一个休憩的园林环境，在忙碌的田间耕作之余，土家族人也能如同江南苏州园林的文人一样在此缓解心中的疲惫与生活压力。恩施土家族园林具有自身的特点，它的独特既源于当地的特殊自然环境，也源于恩施土家族人的造园意识与文化观念。

第一节　"巧于因借"的选址与布局

　　古代语言文学中有一种手法——假借，"假借者，本非己有，因他所授，故于己为无义……"。假借是一种借用通假之词语，表达某种意思的语言手法。而假借中的"因借"则属于"有义之假借"。①

　　古代园林艺术中也有因借的手法。"巧于因借，精在体宜"是《园冶》一书中最为精辟的论断。明代计成的《园冶》说："园林巧于因借，精在体宜，愈非匠作可为，亦非主人所能自主者，须求得人，当要节用。'因'者，随基势高下，体形之端正，碍木删桠，泉流石注，互相借资；宜亭斯亭，宜榭斯榭，不妨偏径，顿置婉转，斯谓'精而合宜'者也。"而"借"则是指园内与外部环境的联系。《园冶》特别强调"借景"，它的方法是布置适当的眺望点，使视线越出园垣，使园之景尽收眼底。这里因与借有一个区别，"因"者，第一层含义是"因形随势"。如因基址之高低、形体之端正、枝丫之倾斜、泉石之流注，自然景观与人造景观相互借资、互相衬托。第二层含义是因地制宜，宜亭则亭，宜榭则榭，宜高则高，宜低则低。"借"者，即借取外部景观的意思，园虽然有内外之别，但是得景不拘泥于内外与远近之分。

　　恩施旧铺土家族传统园林体现了土家族工匠巧于因借的造园手法与生态美学观念，在"因形随势"方面体现得很明显。古人计成在园林设计时强调"用因"，在谈到"借景"时，提出"构园无格，借景有因"的观点。强调造园不要照抄固定格式，园林借景应该因地、因时，结合具体环境的实际情况。计成的好友郑元勋对其"用因"的造园思想非常赞同，对"用因"做了论证，指出："园有异宜，无成法。"即认为园林设计需要考虑两个方面的异宜，一是园林主人的人之异宜，另一个是园林用地上的异宜，因而没有固定的成法。

①　王贵祥：《中国古代人居理念与建筑原则》，中国建筑工业出版社，2015年版。

他坚决反对不考虑异宜的"强为造作",认为这样的结果必然是:"水不得潆带之情,山不领回接之势,草与木不适掩映之容,安能日涉成趣哉?"①在相地选址上,旧铺土家族人物色到了有因可借的一个优越的地段,它位于旧铺河边靠近石桥的位置。此处水景条件极好,旧铺河此段为平静水面,水至清而多鱼。河边怪石交错,大多横卧于河水之边,形似鳄鱼。园地址四周林木繁茂,远处群山环绕,整体生态环境极佳。此土家族园林充分展现了土家族"用因"的生态审美思想。

旧铺河北岸有一横条形巨石,天然形成高低不同的两级。土家族工匠在造园时便将吊脚水榭修筑于此巨石之上,巧妙地因借了巨石的基址高度差,房屋的四根吊脚柱稳稳地落于巨石的较低一层基址上,房屋的后半部分则架靠在巨石的较高层。吊脚起到了防洪涝的作用,房屋后半部分架于巨石之上,还节约了支撑材料。此法对巨石几乎没有改变,既环保又省材。与江南园林不同,土家族工匠没有"碍木删桠",而是让园林的植物自然生长,不作修饰。吊脚亭榭掩映于蓊郁林木之中。吊脚亭榭的端正形态与林木的自然形态形成对比。土家族工匠很善于因借溪水,他们在山溪尽头修筑了吊脚亭榭,山溪的动势与建筑的寂静形成了相互补充。房子底部架空,也形成一个穿透通道,使得两头的自然景致在此形成接续。更为妙者,走入底层空间,观看到的细节令人赞叹,只见几股清泉从房子后端坐落的更高一级山石壁上潺潺留下,形成微型小瀑布。原来土家族工匠在紧靠房屋墙根的天然礁石上凿出了三指宽的小水槽,水槽紧紧围绕着房子根基的边缘,溪水顺着流动,在水槽的出口沿石壁落入第一级巨石顶端。溪水流经礁石的表层产生各种微妙的水态变化,形成了持续不断的小型天然瀑布。这些水槽的开凿看似随意,其实是匠心独运,不走近细看根本发觉不了人工开凿的痕迹,对天然礁石的破坏很小,却达到了很好的引水入河的效果。"宜亭斯亭,宜榭斯榭"的因形随势思想恰好在此土家族园林的营造中得到了印证。在廊房的旁边建有另一个临水小亭子,此亭依靠两根水泥吊脚矗立在河岸边,又一个营造的巧妙之处展现出来。这两个吊脚柱并没有做成常见的规则方柱,而是形态偏向扁平柱,这是为了更好地与人工水渠的两侧沟墙进行紧密衔接,此吊脚柱打破常规,通过巧妙地改变自身形态,与沟墙形成了浑然一体的效果。右侧的吊脚楼呈现扁长形状,因为巨石横卧于河岸边,依托巨石的基址,所以此处便因地制宜地修筑了这样一个横向的水榭建筑。两座建筑形态一横一竖、一大一小,对比富有变化,不显单调。

关于"借景",《园冶》专门进行了表述:"构园无格,借景有因。切要四时,何关八宅。"这一段文字实际就是围绕园林艺术的"借景"而言的。土家族园林最擅长的是对水景的因借,与江南地区的园林水景相比,土家族地区最大的优势是水的生气与纯净,恩施地区的河流、小溪往往清澈见底。由于山区的地势差异,水流自身具有自净能力。土家族对河流环境的历史性生态保护也是其水质持续优良的重要原因。土家族工匠充分借用这天然的水体,使之成为园林的重要景观。河岸边有一小块天然湿地,土家族工匠在周围圈以河堤,形成数个大小不一的小水池。岸边崖壁中隐藏着一天然圆形水池,水色幽碧,山泉从上方跌入。此占地面积狭小的小园,被营建成堤外有河,堤内有池,池上有瀑布,水陆互渗,院内外水景浑然一体。

---

① 侯幼彬:《中国建筑美学》,中国建筑工业出版社,2009年版。

关于建筑的因借，符合"野筑惟因"的造园思想。园内只修筑了两座建筑，结合天然石体与萦回的水境，采取了适应式的布局。两座建筑整体朴实无华，尺寸得体，高低错落，具有疏朗淡泊的意境。既适应了园址位于乡村郊野水域的地之异宜，又适应了园林的土家族主人追求朴野的审美倾向。两座建筑均采用了土家族传统干栏建筑的营建技法，吊脚支柱与槛栏形成通透开敞空间，纳入了近水与远山之景。土家族工匠在造园营宅过程中也体现了独特的环境意向和高超的造园水平。

第二节　尊重自然的生态潜意识

恩施旧铺土家族传统园林具有巧妙结合自然环境的高超营造智慧，我们由此很自然地联想到西方的建筑设计大师赖特。赖特以一种谦卑的态度使建筑依附于自然，而不是占统治地位。在此基础上，赖特注重对场地特征的把控，在认真调研的基础上，将场地的地形、地貌、岩石和植被等纳入整体设计的考虑范畴，赖特曾说，只要基地的自然条件有特征，建筑就应像在它的基地自然生长出来那样与周围环境相协调。赖特对场地的塑造表现在对建筑存在感的弱化与对场地特征的突出。赖特崇尚建筑与自然的和谐，充分尊重建筑地形、地貌。当建筑位于山体时，赖特能够使山的地位得到彰显，将建筑融合在山体之中。[①]

土家族具有明显的自然崇拜信仰，这也体现在土家族的园林建筑之美中。恩施二官寨旧铺村落的河岸边有一座不知名的河边廊桥，作为一个公共建筑，它与周围的山石、树木、河流、瀑布、花草、水塘组成了一幅极其独特、优美的生态景观。土家族的园林景观通常与生产、生活密切结合在一起，这种园林就具有双重的功能。土家族工匠修筑了一道水渠，将从旧铺村落背后山上流下的清澈溪流引入旧铺河流之中。此水渠在河岸以下，水渠两边皆修筑有一尺多高的沟坎墙。沟渠在河岸边与旧铺村落的整条沟渠相衔接，形成一个整体的排水系统，排入河中的是洁净的山林水源，生活与生产污水不会排入河道中。土家族工匠在造园时很好地考虑到了廊桥建筑以外的自然因素，使得廊桥建筑与山、水、树、石、草等形成一个有机整体。在吊脚建筑的选址上，很巧妙地借用了岸边的一块横卧的礁石作为支撑面，几乎没有对这块天然巨石做任何破坏或加工，将四根支柱牢牢地竖立在巨石之上。水泥沟渠从凹凸不平的天然石质表层流入河水中，横向吊脚廊桥的修筑非常巧妙，同样发扬了土家族吊脚民居建筑"占天不占地"的生态智慧，此建筑巧妙借用了河岸边的天然巨石形成的两个层级高度，四根水泥支柱立在较低的这一级礁石上，房子的后端则平稳地落靠在更高一级的礁石之上。

两座临水房屋修筑都以天然材质为主，屋顶是传统烧制瓦片，屋架与栏杆都采用天然木材，材料上与周围环境十分和谐一致。虽然可能是因为节省造价与人工，在吊脚支柱部分与部分墙体采用了现代水泥建材，但是并未影响整体材质的天然感觉。两座房屋之间修建有人行梯子，不仅沟通两座房屋，而且蜿蜒曲折，还延伸到河水边，与河水亲近。步梯的修筑方

---

① 曾波：《赖特有机建筑思想的内涵与外延研究》，天津大学硕士学位论文，2014年。

式分两种，一种是在自然山体的上端修筑；另一种是紧贴天然石壁修筑，一端好似悬空，另一端在较低的礁石上起支撑作用。人工梯子的修筑也与天然礁石融合得很好。从临水亭子高处往河水边行走，在紧邻河面的地段，有一片丰茂的野草地和几条水泥小道，既可以方便步行，又可以实现区隔划分，使得天然野草与水生植物收入园中。天然水草成为人工临水建筑的点缀衬托。

临水房屋的结构以木结构为主，木质栏杆形成许多空隙，阳光、和风、清新的空气都与建筑形成一个整体的空间。

第三节　小中见大的审美意境

恩施土家族聚落山地占绝大部分，极其稀少的平地大多留给农业耕种，留给民居建筑的风水宝地也很有限。然而，在这用地受到极大限制的山区环境中，土家族工匠却在聚落的小小一隅，创造出了一片世外桃源。园林艺术中的"小中见大"，意思是指在非常狭小局促的用地与空间环境中，也能凭借造园智慧，经营出一片可观、可居、可游的园林。清代诗人杜若拙曾作《园居》一首："年来疏懒谢寒喧，门掩青萝自一村。短句闲吟聊遣兴，危机防蹈欲无言。时烦狎鸟窥檐际，且喜新苔汲屐痕。流水半湾容小隐，旁人错认武陵源。"[1]

诗中"门掩青萝自一村"透出了小中见大的涵义，"流水半湾容小隐，旁人错认武陵源"显示了诗人从"流水半湾"的小园林见到了"武陵源"这样的大的意境。自然与宇宙无边无际，而旧铺土家族园林仅占据了河岸边一块几十平方米的小小环境，修筑了两座主体楼房与其他的辅助工程，这种有限的园林建筑空间却巧妙地借用了自然的诸多因素作为自己的组构部分。天然的怪石成为土家族园林的奇石，这与江南苏州园林又有极大不同，苏州园林的巨石几乎都是花费巨资从太湖甚至全国各地购买而来。苏州园林无天然之水源，所以只能人工建造水池与河流。苏州园林甚至缺乏天然花草树木，只能花费人力种植。而土家族工匠选择天然的良址建造自己的园林，充分借用了自然宇宙中一切能借鉴的因素：山、河流、花草树木、河岸怪石、溪水、天空、阳光、小鱼小虫。当然，"借景"需要高度的营建智慧，如何选择环境、如何将自然与人工建筑沟通、如何取舍都是一门大学问，这需要土家族工匠的生态智慧与生态审美观念，这些智慧思想与观念都是工匠在与自然朝夕相处的生活实践中积累而成，也依靠数代人审美文化的历史传承与积淀。

通过借用自然美景与自然物体，土家族人不仅节省了资金与劳力，更是无限拓展了本来极为有限的园林空间，将人工园林与无限宇宙化为一体，给人以无限的审美空间与意境。

---

① 王贵祥：《中国古代人居理念与建筑原则》，中国建筑工业出版社，2015年版。

第四节　变化无穷的园林意境

北宋画家及理论家郭熙《林泉高致》曰："世之笃论，谓山水有可行者，有可望者，有可游者，有可居者。画凡至此，皆入妙品。但可行可望，不如可居可游之为得。何者？观今山川，地占数百里，可游可居之处十无三四，而必取可居可游之品。君子之所以渴慕林泉者，正谓此佳处故也。"[1]这里本来是说画，其实也是喻园。山水之园林，只要达到可行、可望、可游、可居四者之中一个，都可以称得上妙品。但是郭熙认为可行、可望不如可居与可游。绘画中的构图与内容如此，造园中的园林景物搭配也是一样的道理。可居者，意思是园林被营建成一处山水环绕的居处之所；可游者，即山水、林木花草与建筑共同构成了一幅幅动人的园林景观，人处于其中，犹如进入了真实的山水乡野之中，沉浸于一种远离尘嚣的悠远意境。

中国园林与中国绘画一样，讲究艺术的变化。中国山水画中的"山形步步移"、"山形面面看"与园林艺术空间中的"步移景异"相对应。而山水画中的四时之景不同又与园林艺术时间意义上的四时之景相对应。中国园林追求这种时空上的无穷变化的境界，恩施土家族传统园林正好显现了这种境界，它所追求的无限时空变化的造园意境正好具有生态美学的精神，因为它与生态学中事物的无限变化的内涵相通，而其生态美学由于吸收了生态学的这种丰富变化的特性，形成了自己的一个审美内涵。

二官寨旧铺土家族园林景观

土家族天井水池

---

① 王贵祥：《中国古代人居理念与建筑原则》，中国建筑工业出版社，2015年版。

二官寨旧铺土家族园林局部组合系列

中国古代园林具有独特的艺术魅力，含纳了造园家们的生命情调。中国古代园林具有三种基本功能，其一是使用功能，园林都是给人栖息之地；其二是审美功能，园林必须给人美的感受，它具有独特的布局、造型与结构之美，属于一种建筑艺术；其三是涵泳生命的功能，它可以减轻人的生活压力，慰藉人的灵魂，为人的性灵提供一个避难所，它与人的生命密切相关。中国古代园林具有生命的精神，土家族园林同样是一个具有生命的世界。

第五节 园林的野性之美

美有野性与文明两大来源。野性属于自然的创化，而文明是自然的人化。美的意蕴既有文明性又有野性，二者所占的比例不同，会形成不同的美学观，如社会本位或自然本位。自然美首先美在它的野性，这种野性既表现在外在形态，也表现在内在性格、习性、气概等。野性对于有机物来说是一种原始的生命本能与蓬勃向上的努力。

恩施土家族传统园林直接借用的景观是高峻的山峦与纵横交错的水系，保持了其自然原生态的野性美。土家族传统园林中的树木与花草多为自然力的形态，树木与竹都无拘无束地自然生长，呈现一种原生状态的没有修饰与人为干扰的自由之美。以恩施旧铺河边土家族园林为例，山峦与花草树木充满自然野性，即使土地有开垦也是人工耕种，对自然的破坏极小。河流缓缓绕过岸边廊亭，河水清澈见底，野鱼在河中自由穿梭。河岸未加人工护堤，泥土与怪石形成丰富的天然肌理。从公路进入园林的羊肠小道也是杂草丛生，脚底是层层枯枝败叶，也能领略一种野性之美。这种野性美也是当代社会所缺乏的一种精神追求，它能与人的内心达成一种共鸣，使人回归到自然本真状态。

人类社会的进步与发展并不是要以牺牲自然环境的野性为代价的。以美国华盛顿这座具有高度现代文明的城市为例，在它的中心城区保留了一处野性十足的小森林，人们并未将森林改造成"高档"的人工园林。小雨过后，这片小森林里呈现一派原始荒芜的景象：小溪与浑浊的泥水潺潺而流，朽木枯枝遍地，野生动物时而窜出。可见即使在经济发达的美国都市，人们也有意要保留自然原始的环境。野花、野草与盆中修剪过的花草对比，也有一种独特的野性魅力。反观各种矫情的花木园艺与扭曲个性的树桩盆景，我们会在心中产生一丝悲哀之感。

其实自从18世纪浪漫主义开始，西方哲学家卢梭就提出"回归自然"，艺术家们都乐于描绘与赞美自然界的各种景象，原生自然得以赋予新的意义。19世纪末，美国人缪尔认为整个自然界在美学意义上都是美的，仅当它受到人类侵扰才变得丑陋不堪。更极端的看法则认为自然中不可能存在丑。[1]中国古代哲学也很重视自然的野性之美，在《庄子》中我们可以看到对一类动物的陈述，如《马蹄》中写道："喜则交颈相靡，怒则分背相踶"，庄子以动物之"野"寓人之"野"，强调的是如何让受尽规约之苦的人们获得肉体和精神上的双重自由，透过动物随性适意的生活状态阐明人与动物同样不愿被奴役的天性。道家认为"野"是生命本能的存在，是健康的生存状态，"野性美"寓意着质朴纯真，不带文明的病态和矫饰。明代画家唐寅自题《墨竹》曰："唐寅画竹丛，颇似生成者。原非笔有神，盖是心自野。"可以说，"野"既是一种诗画风格，也是文人艺术家放达心境和率真性情的印证。

---

① 陈望衡：《环境美学》，武汉大学出版社，2007年版。

第七章 土家族建筑的场所

第一节 场所的概述

一、场所的涵义与特点

（一）场所的涵义

关于场所的研究，始于现象学（phenomenon of place）和自然地理学（physical geography）。"场所"（place）一词来自拉丁文platea，原意为宽敞的街道。从广义上说，人的存在或者使用的空间均可称为"场所"。经过长期的演化，现在"场所"的意义已非常丰富，它可以这样来理解：建筑与某一特定地点中松散、自在的环境合建起来，共同构成一个由自然环境和人造环境相结合的具有特性的、内在同一的整体，这个整体将隐匿在地点中的潜在精神揭示出来，并反映了地点中人们的生活方式及其自身的环境特征，使环境中的物体获得确定的关系和意义。这个整体，就是"场所"。"场所"不只是抽象的区位，而是关于环境的一个具体的表述。而"从更为完整的意义上来看，'场所'的概念应当是特定的地点、特定的建筑与特定的人群相互积极作用并以有意义的方式联系在一起的整体"。诺伯舒兹在《场所精神——迈向建筑现象学》一书中指出，"环境最具体的说法是场所"，"不只是抽象的区位而已，我们所指的是由具体物质的本质、形态、质感及颜色的具体的物所组成的一个整体。这些物的综合决定了一种'环境的特性'，亦即场所是定型的、整体的现象，不能约简其任何的特质"。[①]

海德格尔在《筑·居·思》一文中指出：

"空间"一词所命名的东西在该词的古老意义中已经有所表达。空间意味着为定居和宿营而清理出来的场所。一个空间乃是某种被设置出来的东西，某种在一个边界范围内清理出来的东西。边界并不是某物停止的地方，而是某物开始的地方……空间本质上是某种被设置出来的东西，某种置于其边界中的东西……它总是与他物连接在一起，即通过其位置被集合在一起。……相应地，多重性质的空间乃是从其位置而非从"单一空间"获得其本质的。……此外，从作为间隔的空间还可以抽取出长度、高度及深度上的各个纯粹向，它们被

---

① [挪威]诺伯舒兹（施植明译）：《场所精神——迈向建筑现象学》，华中科技大学出版社，2010年版。

表象为三个维度的纯粹多样性，但这种多样性设置的空间不再由距离来规定，不再是距离，而只是延展。这种延展空间还可以被抽象为分析与数学的关系，我们将这种数学上的空间称作"空间"，然而，此空间并不包含任何多重空间或多重场所。①

海德格尔这段话其实解释了场所的含义，指出人类文化应该与地形环境结合。对于他来说，科技的关键不在于它为人类带来的功利，而是它已经成为一种带有时代特色的半自为力量。海德格尔呼吁人们重新返回事物的现象学存在本身，以消解现代世界的无根性。①作为"场所"一般应具有以下三个条件：一是要具有较强的诱发力，能把人吸引到空间中来，创造参与的机遇。二是能够提供某种活动内容的空间容量，能让参与某种活动的人滞留在空间中，或集聚，或分散，使之各得其所。三是在时间上能保证持续某种活动所需的使用周期。在此，"场所"由某种空间类型的属性要素发展成为一种近似环境的概念，并具有某些规定性：使人感到或领悟到其自身存在的、具有一定意义和特征的环境。

诺伯舒兹把"场所"分为自然场所和人为场所两类。自然场所包含了很多有意义的事物，如岩石、树木、阳光和水，对人能表达一种"邀请"。

（二）场所的特点

1. 物理占有性

现象学提倡"重返于物"，场所的占有性正好体现了这种特征，占有性是构成场所的客观事物存在所占据的空间，这是一种客观的占有，形成一种地景关系。通常，均质化的空间不能给人以场所感。例如一望无际的沙漠或者浩瀚的森林，单一的均质化形态只能给人一种视野开阔的普通感受。而当森林中出现一片建筑群或者沙漠之中有一个人居住的聚落，均质化的空间才会转化为一种地景。人的活动参与到纯自然空间之后，建筑与自然环境结合在一起，此时特定场所的涵义才能被揭示出来。

2. 非空间性

场所与空间有密切的关联，但是场所也并非完全依赖固定的空间因素才能形成。在某种情况下，场所可以摆脱空间条件的制约，借助人的感知与活动而形成。例如，在恩施土家族传统聚落中，村民们在家门口附近的空场地上聚集在一起打糍粑，众人也聚拢在旁边观看、聊天，这样便形成了一个临时的交往场所，这属于土家族人日常生活中的一种临时性"聚居"。这种场所与建筑和街巷等空间不同，它脱离了物理意义上的固定空间性，是一种生活意义的灵活体现。

3. 随机性

场所与抽象的空间概念有着本质的不同，它与自然因素有紧密关系。例如在恩施小溪村土家族民居前的院坝，不同的季节会产生不同的场所。在阳光明媚的春季，村民们会坐在房

① [美]肯尼斯·弗兰姆普敦（王骏阳译）：《建构文化研究》，中国建筑工业出版社，2007年版。

前院坝中晒太阳、聊天，人们的聚集与交往活动会产生具体的场所，村民们的活动跟阳光有关，他们会追随太阳光线移动而随时改变场所。到了夏季天气炎热之时，村民们就不再聚集于院坝中，而是转移到阴凉之地乘凉，因此原来的地点难以形成交往场所。在春节时，由于村寨里缺乏专门的体育运动场所，小溪村民们临时在院坝中间支起两张桌子进行乒乓球娱乐比赛，村子附近的男女老少皆围拢在球桌旁观战，这里既有体育娱乐活动氛围，又产生了村民之间的交往，因而形成了一个新的临时场所。

二、自然场所的特点

人栖居于天地之间，必须理解天地这两种元素以及它们之间存在的相互关系。此处"理解"的内涵不是一般科学理性意义上的认识，而是存在意义上的体验。人所居住的自然环境有着自身的结构与具体的意义，并因此产生了宇宙进化论与宇宙哲学。理解自然的第一种方法是从自然的力量出发，同时使这些力量与具体的自然元素或物发生关联。在原始人的思维中，大地扮演了生命起源的"孕育者"的角色。在恩施地区，土家族人在农耕生活中产生了山神与土地神的观念。旧时，土家族人对山神的祭祀很隆重，他们相信山中猎物皆为山神所管辖。

土地神祭祀在土家族地区也很普遍，几乎每个村寨都建有土地庙。土家族人还对石头赋予了神圣的意义，土家族人崇拜造型怪异、体积较大、具有灵性的石头。在土家族人的观念中，石神一般具有三种功能：主雨晴、司生殖、护幼儿。土家族还有树神崇拜的习俗，古老的大树、果树与开花之树皆是他们崇拜的对象。

据《泸溪县志》记载：

土人相传，丛阳潭有楠木神，每遇大旱，约百十人划船杀狗，绕江祭祷。辄有红光烛天，雷电交作，风雨骤至，俄而散。[1]

树神在土家族人的观念里，既可以赐福，也可以降灾，祸福无常，给土家族人带来感恩与骇人的双重心灵感受。古树常带有风水的含义，有的土家族聚落多年来保留了大片的古树林，禁止人们砍伐，甚至禁止人们在树林里讲任何对神灵不敬的话语。土家族人还祭祀雨神，他们认为雨神主管雨水与农业。土家族的雨神崇拜与灵石有关，据《水经注·夷水》记载：

东径难留城南，城即山也。独立峻绝，西面上里余，得石穴。把水行百许步，得二大石磺，并立穴中，相去一丈，俗名阴阳石。阴石常湿，阳石常燥。每水旱不调，居民作威仪服饰，往入穴中。旱则鞭阴石，应时雨多；雨则鞭阳石，俄而天晴。[1]

艾利亚德认为，石头、树木以及水，这些自然的要素使场所带有神圣的含义，这些自然的"物"构成了一个有意义的小世界。在环境中神圣的场所扮演了中心的角色，成为人们方

---

[1] 胡炳章：《土家族文化精神》，民族出版社，1999年版。

向感与认同感的客体，同时组成了一种空间结构，因此在对自然的理解中，我们体认了空间概念的起源是一种场所系统。①只有在这种有意义的场所系统中，人类的活动才可能开展。

三、人为场所的特点

海德格尔认为场所精神是天地神人四方的集中体现。无论是人为的场所，还是自然的场所，一旦存在于世，与人构成某种关系，就必然存在这种场所。场所不只是抽象的区位，它是由具有形态、质感以及颜色的具体物质组成，其总和形成了一种环境的特性，即场所的本质。场所精神是空间体验的产物，也是空间的再创造。场所精神存在空间成为建筑现象学的核心范畴。建筑与场所之间有一种诗意上的联系，场所是在复杂的自然中定性的整体，无法用科学与理性的方法来描述与分析。

在鱼木寨，建筑与场所的联系通过土家族工匠无意识地使用地方材料与传统工艺的方式显现出来，并与土家族的历史与神话发生联系。土家族传统建筑文化也蕴含着自己的场所精神，土家族人将屋后的青山叫作"靠背山"，即认为山是居住者的依靠，而门前长流不息的溪河则象征着生命与家业的永恒绵长。土家族人把水看作财运，认为财不能外流。土家族传统建筑文化中还隐含着"天地人三才合一"的思想，在土家族人的心目中，一个真正适合生存的"场所"是天人、阴阳乾坤相合的产物。在土家族人的原始信仰中，新楼的落成意味着一种新宇宙的诞生。土家族人对新楼的上梁、落成及搬迁总是虔诚地举行仪式，庆贺"宇宙的诞生"。保持居住空间与宇宙自然空间的联系，是土家族居住空间价值观的又一表现形式。

人所生活的人为环境并不只是实用的工具，或任意事件的集结，而是具有结构同时使意义具体化。这些意义和结构反映出人对自然环境和一般存在情境的理解。①因此，对人为场所的理解必须与自然环境因素进行联系。土家族干栏式建筑就是由巢居逐渐演化而来。人为场所一般可以分为道路、建筑、农田、水渠、桥梁等。

（一）道路

道路的形成方式一般分为三种。第一种是由人无意识走出来的路。在一个均质的自然空间中，人们行走会选择最便捷的路线。受到自然环境的条件局限，人类在行走时必须适应场所的地域特征，例如，在河边无意识踩踏出来的小路就会顺应河流蜿蜒变化的形态，具有一种协调性。在恩施地区的耕地当中，田坎不仅作为划分田地的边界，更是成为土家族人行走田间进行农业生产的小路。第二种是人主动规划的道路，这种道路的限定性很明确，例如城市中的道路、公园中的游览路径等。第三种是无意识形成的道路与人为规划道路的结合体。在传统聚落形成之初，人、马、车的出行会自然形成一条道路，随着人口的增加与经济建设

---

① [挪威]诺伯舒兹（施植明译）：《场所精神——迈向建筑现象学》，华中科技大学出版社，2010年版。

的发展，道路会受到人为的控制与改造、调整，以适应交通运输或聚落发展的需要，形成现代的石板街或水泥村道。恩施小溪到旧铺的翻山水泥村道即是在原始无意识道路的基础上经过逐渐改造而形成，是这两种道路类型的叠加。

（二）桥梁

桥梁是一种重要的人造地景，它本质上也是道路，横跨于江河或溪流之上，其形态与种类多样。桥梁有风雨桥、石拱桥、漫水桥、悬索桥等多种类型，这些类型在恩施土家族聚落中均可以发现，甚至在一个村子同时出现多种桥的身影。以恩施小溪村为例，这里的小溪河之上就有风雨桥、石拱桥、漫水桥等多种类型的桥梁。土家族风雨桥的场所特性更为明显，因为它有屋顶可以避雨，河水又能带来清凉，所以其功能不止于通行，人们还喜欢在桥上停留与聚集，在风雨桥上避暑乘凉、聊天、带小孩，形成一个交往场所。夏季在小溪村，有的游客不住客栈，而在风雨桥上搭帐篷露宿，使传统的风雨桥又具备了临时住宿的功能。

桥轻松而有力地架于河流之上，它不只是把河岸连接起来。在桥的横越中，河岸才作为河岸而出现。桥特别让河岸相互贯通。通过桥，河岸的一方与另一方对峙。河岸也并非作为坚固陆地的无关紧要的边界线，而是沿着河流延伸。桥与河岸一道，总是把广阔的河岸风景带向河流。它使河流、河岸和陆地进入相互的近邻关系中。桥把大地聚集为河流四周的风景，它因此伴送河流穿过河谷。[①]桥不仅是道路，可以连接两岸，也是一种关卡，相当于一个瓶颈。桥不仅可以起到连接功能，同时也控制着两岸的连接程度，因此在军事上常常作为重要的防守据点。恩施土家族传统乡村聚落中，桥也常常作为聚落内部空间与外界空间进行区分的标志，例如恩施州宣恩县沙道沟的彭家寨悬索吊桥，就是寨子与外部分界的一处"颈"，当跨越这座桥，就意味着进入了村寨内部。

四、场所精神

与关于人的本源性存在的"家园意识"相比，"场所意识"更加偏向具体的感受，更加微观。海德格尔首先提出了场所意识的理论，他认为："依场所确定上手东西的形形色色的位置，这就构成了周围性质，构成了周围世界切近照面的存在者环绕我们周围的情况"，"这种场所的先行揭示是由因缘整体性参与规定的，而上手事物之来照面就是向着这个因缘整体性开放出来"。海德格尔认为"场所"即是与人的生存密切相关的物品的位置与状况。[②]场所不仅是一个空间概念，而且强调人与物的"因缘"关系。这种因缘关系又有好坏之分，当人类高高在上，俯视自然万物之时，自然只是人类利用的资源与工具，对环境的肆意践踏与破坏导致人类自身也遭受环境污染的恶果。此时，人与自然之间是一种"不好的因缘"关系，"场所"也是一种不符合人的生存需求的"场所"。

阿诺德•柏林特从审美经验现象学的角度探索了环境美学的问题，在环境美学理论中对

---

① 曾繁仁：《生态美学导论》，商务印书馆，2010年版。
② 海德格尔：《海德格尔选集》，上海三联书店，1996年版。

"场所"进行了解释："场所是很多因素在动态过程中形成的产物：居民、充满意义的建筑物、感知的参与和共同的空间……人与场所是相互渗透与联系的。"[①]他还说道："这是我们熟悉的地方，这是与我们自己有关的场所，这里的街道和建筑通过习惯性的联想统一起来，它们很容易被识别，能带给人愉悦的体验，人们对它的记忆中充满了情感。如若我们的邻近地区获得同一性并使我们感到有个性的温馨，它就成为我们归属其中的场所，并让我们感到自在与惬意。"[①]从中我们可以看出，场所绝非抽象的空间概念，它是与人的情感有密切关系的具体的地方，人在其中能产生熟悉与惬意之感，脱离了人之情感的概念化空间不能成为场所。场所意识的获得必须依赖于人的身体与环境进行互动，不仅是用眼睛观看，还要进入环境空间之中与物体接触，与之共同活动。

场所精神的说法源于古罗马，古罗马人相信每个独立的本体都有自己的灵魂，这种灵魂赋予人和场所生命，同时也决定其特性与本质。概括地说，场地的性格建筑在场地的地段特征之上，表现为场地的场所精神，可以理解为对场所所包含及可能包含的人文思想和情感的提取和注入。[②]人类生存的每一块土地都有它的内涵特质，这种内涵特质是在自然与人文历史的进程中逐渐形成的。希腊建筑师季米特里斯·皮基奥尼斯（Dimitris Pikionis）设计的作品——菲罗巴波山坡公园体现了场所精神，整个公园场地超越了人们对视觉审美的感知，人们通过身体的移动引发了神经系统的体验，人与大地之间形成了类似于音乐中的某种"声学"共鸣。皮基奥尼斯指出："我们心中充满喜悦，身体在大地高低不平的表面上游荡，每走一步都有交替变换的三维景色让我们的双眼应接不暇，精神为之一振。"

场所精神是隐藏在建筑与聚落之中的灵魂，难以捕捉，无法用数据来测量，它依靠人们的精神体验与身体感悟来发掘，而建立在理性基础之上的现代科技在此并不具备优势。场所与物理学意义上的空间有着本质的区别，场所是人与建筑、环境之间相互作用、相互照应而形成的一个特定的整体空间，具有一种独特的氛围与意义，场所精神是这种整体氛围在大脑中形成的体验。

恩·卡西勒在其空间划分理论中已经指出，在原始巫术与神话中的空间被赋予了特殊的意义。这种特殊意义上的空间具有"各向异质"性，而非"各向同质"性。例如空间中的上与下，左与右，每对方向都表示一对相反的含义。埃利亚德对"各向异质"性进行了解释："人类从未在由数学家和物理学家们所设想出来的'各向同性'的那种空间中生活过。"各个方向的特征不是空间的物理特性，而是指空间中隐含的人类文化、宗教以及民俗等具体特征。埃利亚德还强调：人类在其中生活的空间是有取向性的，因而也是各向异质的，上下左右前后各个方位与维度都具有自己不同的特殊含义与价值。

将单一的方向继续延展，空间在不同的范围领域也能产生不同的性质，例如"神圣的领域"与"世俗的领域"就是不同性质的两种空间。建筑空间可以划分为"形而上"与"形而下"的不同含义，例如民居建筑仅仅具备居住的实用功能，则被视为形而下的"器"；而当

① 曾繁仁：《生态美学导论》，商务印书馆，2010年版。
② 罗珂：《场所精神——理论与实践》，重庆大学硕士学位论文，2006年。

建筑具有了某种宇宙的象征内涵，则被视为形而上的"道"。

第二节　聚落与建筑场所的意义

我们需要理解"场所意义"与"场所结构"两个概念，任何客体的场所意义在于它与其他客体的关系。或者说，场所意义在于客体所"集结"为何。物之为物是由其本身的集结使然。场所结构则意味着一种系统关系所具有的造型特质。

现代人家园感的丧失源于他们对于自然与人为的物逐渐失去了认同感，物在他们眼中仅仅是一种可利用的资源。这也是一种场所意识的沦丧，为了阻止这种趋势，人类必须正确理解物的本质。这一点可以在海德格尔的论文《物》中找寻到答案，他以壶为例进行了诠释：

壶所具有的特性在于倾倒时所具有的倾倒天赋……。所倾倒的东西必然是某种饮料。喷泉保存了水的禀赋，岩石在泉水中居住，昼夜酣睡的大地居住在岩石中，汲取着苍穹的雨露。泉水中的水居住在天与地的结合里……天与地则存在于水与酒的禀赋中。而这种倾倒的禀赋正是壶之为壶的原因。天地存在于壶的壶性中。

海德格尔描写的壶具有真正的物的功能，它使生活得以具体化，并揭示物中隐含的自然宇宙。如果要使我们居住的环境具有诗意，必须揭露其中隐藏的自然根源。恩施土家族传统聚落中最为主要的建筑类型为民居建筑，夹杂着少数公共建筑，公共建筑中土家族村民们进行交往与活动，体现了一种公共场所的意义。而在私人居住建筑中，也融合了主人及其家庭的日常栖居活动，呈现一个生动的微观世界，形成了微观的私人居住场所。

一、半公共建筑

半公共建筑是恩施土家族传统聚落中的重要场所。所谓半公共建筑，即并不对所有人表示接纳，它只对特定的人群具有开放性，对于另外的人则具有一定的私密性。祠堂主要是族人对祖先进行祭祀的建筑，除祭祀祖先的功能之外，还可供族人举办婚丧嫁娶等活动仪式。

恩施地区的土家族传统聚落中祠堂规模不算大，与普通民居体积接近。其主要功能是祭祀祖先。例如恩施小溪村胡家大院的土家族祠堂，主要是祭祀本族胡家祖先的场所，它采用土家族传统的建筑手法，以穿斗式木结构为主，屋顶为悬山重檐屋顶，六根立柱支撑屋顶，呈现半开敞空间状态。祠堂后方紧邻胡氏先祖坟墓，祠堂中后方摆放四位始祖灵牌，设有香案与祭拜箱。祠堂右侧在木支柱空距中树立了两块石碑，刻有族人的姓名。祠堂左右两侧的上方皆挂有一块小黑木板，写有本族的族规与族训。

摆手堂是土家族祭祀祖先和开展文艺活动的场所，也是一种半公共建筑。清代光绪年间《古丈坪厅志》记载："土俗各寨有摆手堂，每岁正月初三至初五六夜，鸣锣击鼓，男女聚集，摇摆发喊，名曰摆手。"

恩施小溪聚落土家族宗祠

二、私人建筑

民居属于私人建筑，是居住其中的人的日常生活的发生地。相对于公共建筑，民居属于一种小型的场所。恩施土家族人认为，新屋的建成象征着一种新宇宙的诞生，土家族传统民居实际上是宇宙的一角。土家族人认为宇宙是人的世界的一部分，宇宙与人类文化紧密相关，因此土家族住宅之中暗含着宇宙与天地。

（一）民居与环境形成的场所关系

土家族传统民居整体继承了中国古代传统建筑文化的水平分布特征，与西方建筑高耸入云的主流竖向形态形成鲜明差异。土家族传统民居按照平面形态可以分为"一"字形、"钥匙头"形、"三合水"型等多种形态，每种形态的民居都具有自己的场所特点，蕴含着民居与周边自然环境的关系。

"一"字形土家族民居四面临空，依靠建筑的墙壁与自然进行分隔，缺乏对室外空间的限定力量，并难以形成限定方向上的导向作用。此类住宅的领域场所感觉较弱，仅仅在廊檐与出入口的附近形成一定的领域感。土家族人为了增强住宅周边的领域场所感，常常在住宅前栽种各种树木，或者依靠在门前铺设石板对室外空间加以限定。

"钥匙头"形土家族民居又称"L"形土家族民居，在民居的平面方向上，横竖两侧物体形成一个90度夹角。此类住宅对外部空间的限定明显比"一"字形住宅强。"L"形朝外突起的尖角处，体现了对外部的强烈排斥感。门前栽种树木的位置与疏密程度会对此类住宅院坝空间的延展方向产生重要影响。

"三合水"型土家族民居具有更加明显的空间围合性。三侧面封闭，将外部空间排斥在外，仅有一面开敞空间可以进入，成为吸纳外部空间的唯一入口，一旦跨入这个开敞的缺口，就会进入土家族人的院坝。这个缺口空间仍然给人一种私人领域的场所感。

（二）民居内部的场所意义

住宅不仅要体现其周边环境的氛围质量，而且也应该反映发生在其内部的行为与情绪。

民居建筑是简单的现象世界，与具备说明和解释功能的公共建筑形成鲜明对比。公共建筑的屋顶大多显示了与天空接近的神圣的涵义，而民居建筑的屋顶只表现出生活的场所意义，形成一个民居中的小宇宙。以土家族传统民居为例，屋内的地板被视作大地，头顶的天花板被当作天空，墙体被看作地面上的风景。

（三）建筑构件的场所意义

民居中有多种构件，包括屋顶、门、窗、穿斗梁架等。它们分别体现出了各自的场所意义。恩施土家族传统民居的屋顶由于受到当地多雨气候的影响，形成了斜坡屋顶的形式，既便于雨水下泻，也在某种程度上反映了屋顶与天空的亲近关系。同时，屋顶的形态轻盈生动，随着屋顶下方地势的高低起伏变化，由木柱支撑的屋顶群组合也展现了错落有致的节奏变化，体现了屋顶与大地的联系，具有一种组合的场所意义。

门窗最大的作用是控制房间的通风与采光。现代建筑由于大量采用宽大型的玻璃窗，导致室内光线太强，室内外难以形成明显区分。而土家族传统民居卧室的窗户面积较小，封闭性较强，室内光线较弱，具有空间的私密感。门的开合状态会影响室内空间的场所感觉，土家族传统建筑的门多为木板材质，门全部敞开则意味着室内对外部的接纳，此时形成一种半公共建筑空间；当门只开一到两扇时，意味着室内空间具有私密性，也形成了室内外空间的一个连接通道。

第三节　场所的神性体验

一、场所的体验

建筑环境的一个基本目的就是建立人们的生活秩序，以满足人们的生活需要。

场所精神与家园意识都属于生态美学的范畴，但是家园意识更偏向宏观层面，场所精神更偏于微观与具体。在土家族传统建筑文化中，建筑与场所的联系是通过土家族工匠无意识地使用地方材料与传统建筑工艺的方式而显现出来，并通过将建筑与土家族的历史与神话联系起来予以揭示，土家族传统建筑体现了土家族工匠的思想与现象的交织融汇。海德格尔认为，场所精神是天地神人四方的集中体现。无论是人为的场所，还是自然的场所，一旦存在于世，与人构成某种关系，就必然存在这种场所。场所与建筑关系密切，场所精神存在于能够容纳体验、能够产生共鸣的空间之中。场所精神是空间体验的产物，也是空间的再创造。场所是具有清晰特性的空间，是由具体现象组成的生活世界。场所精神存在空间以及空间体验成为建筑现象学的核心范畴。建筑与场所之间应有一种历史发展背景上的联系、形态上的联系和诗意上的联系。场所不只是抽象的区位，它是由具有物质的本质、形态、质感以及颜色的具体的物质组成的一个整体，它们的总和形成了一种环境的特性，也就是场所的本质。场所是在复杂的自然中定性的整体，无法用科学的、理性的方法来描述与分析。

土家族人与自然之间是一种有机的关系，聚落成为焦点，环境被浓缩在此焦点中，土家族传统建筑以居住的地景拉近了大地与人的距离，同时在辽阔的天空之下与邻里住所维持亲密的关系。土家族传统民居具有集结功能，作为人为场所，它具有集中性与包被性。

二、"三才合一"与场所的动态性

中国古代哲学早已涉及"场所精神"的理论，即中国古代的"空间意识"。以《周易》为例，它提出中国传统的"空间意识"具有三维特性，即"天地人"三才之说。"《易》之为书也，广大悉备。有天道焉，有人道焉，有地道焉，兼三才而两之，故六。"（《周易·系辞下》）"夫大人者，与天地合其德，与日月合其明，与四时合其序，与鬼神合其吉凶。"（《周易·文言传》）它指明了人与天地三维构成了空间关系，但这种空间不是现代建筑中泛化与抽象的概念，而是通过人与天地的密切关系形成一个互动的空间，是一个有生态美学意味的具体的"空间意识"。天地人三维不同于现代空间观念中的长、宽、深的抽象三维，中国古代"空间意识"即场所意识的体现。

恩施土家族传统建筑文化继承了中国古代哲学中"天地人三才合一"的思想，在土家族人的心目中，一个真正适合人生存的"场所"是天人、阴阳乾坤相合的产物。在土家族居住文化中，这种宇宙化的空间观念表现得十分突出。传统民居在土家族人原始的信仰中作为宇宙象征物出现，新楼的落成象征着一个新宇宙的诞生。土家族人极其重视新楼的上梁、落成及搬迁活动，常常为之举行隆重的仪式与庆典，以迎接"新宇宙的诞生"。保持居住空间与自然空间的联系沟通，甚至与宇宙相互容纳，是土家族居住空间价值观的又一体现。同时，这一观念与神性观念有着紧密的联系。他们认为，恩施土家族建筑周围的山水不仅是宇宙的表征，也是神灵的表征。土家族聚落与建筑注重堪舆，他们希望在聚落选址与布局上不脱离与山水的联系，时刻保持人与天地万物神灵的联系，在自然宇宙的威力下寻找到一片宁静的心灵寄托。住宅后面的青山被土家族人称为"靠背山"，意味着土家族生存活动对大山的依靠与亲近。而门前那长流不息的河流则象征着土家族生命与家业的永恒绵长，土家族有俗语："山管人，水管财。"更耐人寻味的是，土家族已出嫁的妇女也称自己的娘家人为"靠背山"。因此，恩施土家族传统聚落的山水等自然因素的空间分布不仅是一种物理学意义上的空间关系，更是一种特殊的感情氛围，在土家族人内心世界形成了一种情与景的交融。

土家族人尊宗敬祖、友睦族邻的观念浓厚，且其理念体现在生活中的各个方面。土家族人这种融合理念有其独特的生存环境因素的影响，同时还受到历史传承因素，以及特殊生境与人文环境共同作用造就的集体无意识的影响。

三、封闭与开敞的空间

西方中世纪基督教建筑基本空间形态特征是采用砖石围合的封闭性空间，而古代中国建筑主要形态则与之相反，其建筑可以随意开闭，有利于室内外空气的交流互通。为何中西建筑的空间形态与观念会有如此巨大差异？可以从中西建筑核心空间的比较上获取答案。在西方基督教建筑以及古埃及、古希腊等与之相关的诸多神圣建筑中，都存在着一种"密室"空间，它们成为其核心部分，它们与某种神秘的形式存在关联，同时还隐含着一个与至上神灵相通的"精神空间"。而密室空间一般都依靠砖石围合来形成。

古代西方人偏爱以石块作为建筑用材，造就了西方建筑封闭的空间形态。早期，西方人甚至没有在墙体上设置窗户，许多欧洲住宅只通过门与户外连通，室内生火做饭产生的烟雾通过建筑顶部的孔洞排出。西方石构建筑的墙体具备十分坚实、厚重、固定的特点，而且建筑室内空间与室外空间的隔绝也非常明显。这些因素还形成了西方建筑内部环境的幽暗性，甚至罩上了神秘的光环。密室型的空间是西方人专门为至上神灵创造的"精神空间"。黑格尔将西方建筑外在的庞大体积视为其内在"精神空间"的附属物，他认为：

它们是庞大的结晶体，其中隐含着一种内在的精神的东西，它们用一种由艺术创造出的外在形象把这种内在的东西包围起来，使人得到这样一种印象：它们立在那里，是为着标志出一种已摆脱单纯自然性（物质性）的内在的东西，而且也只有靠这个情况才有它们的意义。

中国古代建筑也存在一种核心空间——"四柱间"[①]。早在汉武帝时期，济南人公玉带所献《黄帝明堂图》就明确了这种"四柱间"的核心空间形式。

将这种"四柱间"与西方密室空间进行比较后，我们可以发现，中国古代的"四柱间"基本特征与西方"密室空间"截然相反：西方密室四壁坚固，是一个封闭空间，中国古代四柱间四壁开敞通透；密室装饰豪华，而四柱间简洁朴实。更为重要的区别在于，西方密室空间作为神圣场所，大多属于"精神空间"，而中国古代代表着神圣信仰的"四柱间"则被视为一种接纳神灵之气的"气空间"。这种属于"气空间"的四柱间不是用作神灵的居所，也不同于西方哲学中的"精神实体的高级世界"，而只是一个"人神交会"的礼仪性空间。在中国古代人的观念中，神灵都是乘风出行，可谓是来无影，去无踪。

东晋画家顾恺之的《洛神赋图》描绘了曹植与洛神之间的爱情故事，画面中的洛神无论出现在水面、半空、丛林，还是乘云车离去，都展现了一种若隐若现、乘风出行的飘逸形态。而四柱间这种四壁开敞的空间形态正好为"人神交会"创造了一个合适的场所。神灵本身也被理解为一种"气"，如萧吉所云："诸神者，灵智无方，隐显不测。"恩施土家族人在很大程度上也继承了这种"气空间"的观念，土家族人将自己的祖先神灵也理解为来去无踪的"清虚之气"。土家族的传统宗祠建筑在结构上也符合四柱间的基本特征，宗祠四壁皆由数根原木柱支撑，呈现开敞的空间形态。土家族人没有将宗祠视作祖先神灵居住的地方，而是将之理解为土家族人与本族的神灵进行交会的场所，这种开敞的空间便于神灵自由穿行出入，符合神灵飘逸的出行特征。

---

① "四柱间"的"四柱"从建筑支撑结构体系而言，是指由四根柱子支撑；而"间"是就建筑的空间形态方面而言，即建筑的四壁皆为开敞通透的空间形态。

第八章　聚落与建筑的多元文化形态

恩施土家族人长期受制于大山阻隔。郑永禧在《施州考古录》中说："内绕溪山，道至险阻，蛮獠错杂，自巴蜀而瞰荆楚。"恩施地区的地势大致如此。虽然处在万山丛中，但恩施的清江文化从来就不闭关自守，自古就具有开放的胸怀。早在史前时期，恩施的巴人就主动走出大山与中原主流文化交往。从文献记载和考古发掘看，恩施地区一直与山外保持密切的经济与文化交往。除通过学校教育学习先进文化外，民间也大量吸纳外来文化。

但凡恩施地区有较大影响的民族民间文艺，大多是在本民族文化的基础上吸收外来文化的有益成分而形成。人类的心智是一面镜子，能够反映自然的统一和多样性的性质，在某种意义上甚至可以说，人类的心智是基于大脑皮层的复杂性及其统合能力，这说明它是自然的多样化与统一化双重趋向的产物，因而，当人类心智对自然进行沉思时，它既可以确定多样的具体物类的价值，也可以确定渗透于这些具体物类之中的普遍规律的价值。[1]这段话说明了人类心智的复杂性也是来源于自然的统一之中的多样性，人类心智与自然的多样性密切相关，自然具体事物之中蕴含的普遍规律同样会体现在人类活动中，因而土家族传统建筑文化，与自然一样具有多样性之美。

第一节　土家族文化与其他民族文化的交流

物种的多样性是自然生态系统存在的一个重要条件，生态系统中的物种虽然千差万别，但是都通过相互联系而形成一个生死与共的统一有机整体，生态系统的重要特征显现为连续性与整体性。同样，少数民族文化只有具备了多样性，才能有其文化生态的存在，进而才能产生民族文化生态美。因此可以认为民族文化生态的美首先是一种民族文化丰富多样而又繁荣的美。[2]而对于土家族传统建筑文化也是一样的道理，土家族传统建筑文化的生态美首先体现在其建筑形态的多样性与丰富性。

传统民族文化的多样性不仅体现在不同民族之间的文化差异，而且对于同一民族，其民族文化也具有各自不同的特征。从全国或者全世界的范围来看，土家族传统文化与其他民族的传统文化具有不同的特征。从土家族传统建筑文化内部来看，它也有地域范围与时间范围不同产生的差异。人类社会生态与自然生态类似，各民族之间只有经过正相互作用的增强，

---

① 霍尔姆斯·罗尔斯顿（刘耳，叶平译）：《哲学走向荒野》，吉林人民出版社，2000年版。
② 黄秉生，袁鼎生：《民族生态审美学》，民族出版社，2004年版。

各个民族才能获得更好的发展。[1]恩施地区生活着土家族、苗族、侗族、汉族等多个民族的人们，他们在同一个地域进行相互交流，取长补短，共同进步。这个原理就跟生物种群的生态规律相似，各个民族都不能也不应该脱离与其他民族的交往而孤立生存。恩施土家族正是通过长时间的交往，大胆吸取其他民族的优秀文化，同时保持了自己民族的文化根性不变。土家族文化与其他民族文化形成一种宝贵的共生关系，不仅推动了其他民族文化的发展，同时也促进了自己的文化提升。

"和而不同"是中华民族传统生存智慧的一个重要范畴，具有深刻的哲学内涵。西周末年史伯谓"和实生物，同则不继"，并解释说"以他平他谓之和"。他认为不同事物间的差异与矛盾，需要平衡与统一才能产生新事物，而完全相同或绝对分离则不能推动事物向前发展。"和而不同"主要强调要协调"不同"，以实现新的和谐统一，使各个事物都能获得新的发展，形成新的事物。[2]恩施土家族文化在吸纳外来文化时没有完全照搬，而是以本地本民族的文化为根本，将外来文化的有益成分自然融入民族民间文化之中，使之成为更具生命力的民族文化。

每个民族的文化萌生与成长，都是建立在对自己所处的自然与社会环境的适应之上。在长期的发展演变过程中，每个民族都会受到外界文化的影响与其他因素的制约，引发新的变迁。而新的变迁又会带来新的适应过程，带来新的文化因子，促进文化的发展与完善。[2]面对世界的变迁，不同民族在各自的文化选择或应对策略方面，表现出这几种情形：其一，以强势文化作为衡量一切文化的尺度。某种文化以世界文化主宰者自居，体现为文化霸权主义、文化殖民主义。其二，以某种传统的地域性或民族性文化自足自适，拒绝接受外来的、新的东西，采取人为的阻隔或封闭方式，力图通过与外界的对抗来保持自我的独立存在状态，往往导致此文化本体的逐渐消亡。其三，只看到不同文化间的冲突，看不到它们之间的相互融合与促进，强调文化间的对立，如宗教与战争，扩大文化之间的误解与敌意。这几种观念都存在极端性，会阻碍各民族文化自身的存在与持续发展，也无益于民族文化的多元共生。与此不同，土家族人在自己的传统建筑文化方面采取了适宜的应对策略，他们与其他民族积极而广泛地进行文化交流，相互理解，相互学习，表现了自己开放与宽容的胸襟。[2]

一、土家族传统建筑文化与汉族文化的交流

张良皋在其著作《老房子——土家吊脚楼》中说："土家族居于古西南少数民族与中原接触的前沿，因此土家吊脚楼饱含文化交融信息，具体说来，是巴楚两大文化直接交融的结晶。楚建筑曾深刻影响汉以后中国宫室传统与生活方式。""土家民居是西南与中原建筑相当成熟的结合。武陵山区从云贵高原以半岛形伸向华夏，的确是西南文化与中原文化必然相遇的结合点。"[3]这两段话体现了土家族传统建筑文化与汉族建筑文化的交流。

① 黄秉生，袁鼎生：《民族生态审美学》，民族出版社，2004年版。
② 宋生贵：《当代民族艺术之路——传承与超越》，人民出版社，2007年版。
③ 张良皋，李玉祥：《老房子——土家吊脚楼》，江苏美术出版社，1994年版。

（一）恩施地区土家族与汉族文化交流的历史背景

唐宋时期，恩施土家族主体逐渐出现相对稳定的格局，土家族与汉族的文化交流逐渐增强，这一时期，恩施一带处于中央朝廷的州郡地位，汉族与土家族的政治联系趋于稳定，经济联系从疏远发展为彼此相依，汉族农耕文化对土家族产生深远影响。唐朝至五代时期，恩施土家族地区的农耕经济已经形成相当规模，农业土特产品为中原地区所缺乏，土家族也需要汉族地区的先进生产工具与生活用品。土家族地区与汉族地区形成了互通有无的商业交流。对于恩施州，宋代朝廷沿用唐朝、五代时期的羁縻怀柔政策。南宋时期，由于豪强地主大肆兼并土地，很多汉族农民被迫逃亡外地谋生，恩施的封建领主为了扩大自己的地盘，趁机大量吸引汉族人到恩施开荒，很多汉族人携家带口地迁往恩施，带去了先进的生产技术与生产经验，促进了当地生产力的发展，并使当地的生产关系产生了一些变化，出现了农奴制与地主土地租赁制、小农经济共存的现象。[①]地主土地租赁制与小农经济无疑在客观上给恩施土家族带来了一些进步思想观念，给土家族的生活方式与建筑形态也带来了影响与改变。元朝之际，朝廷继续利用恩施各州郡治理该地，并在恩施正式建立土司制度，明朝又在此基础上对土司制度加以完善，并设置卫所。明代时期，中央对恩施地区的统治大为加强，经济上出现贡赐这种变相的官方贸易形式，客观上促进了汉族地区先进技术与产品进入恩施地区。土家族人与汉族群众杂居于恩施武陵山区，互通有无、互相学习交流、辛勤生产劳动，促进了土家族地区经济的发展。清代顾彩在《容美纪游》中曾记载当时土家族地区与汉族地区经济文化往来的兴盛场景。元代、明代朝廷为了维系自身在恩施土家族地区的政权，在文化方面也采取了一些措施，例如在当地推行封建文化，对当地的土官与土民后代进行汉族文化教育。此时期，恩施地区包括土家族在内的少数民族吸收了中原汉族的先进文化，在社会面貌上产生了很大的变化，恩施的社会风气比唐宋时期的更为开化。[①]

清代，由于恩施土家族地区封建领主经济受到冲击，土司间相互争斗以及土司对各族群众的压迫更加残酷，阻碍了当地生产力的发展，为控制局势，清代朝廷于雍正五年至十三年（1727—1735年）完成了恩施的改土归流。改土归流打破了当地土司据地自居的封闭状态，恩施开始与湖广各州县连成一片。清朝政府在恩施地区推行封建教育制度，设立县学、乡学等，推行封建科举制度，汉族文化对土家族的影响逐渐加大，汉族群众与土家族群众在文化上相互影响、渗透，使得土家族习俗、节日都有改变，在建筑文化上土家族也对汉族文化进行了吸收、借鉴。

（二）土家族建筑文化与汉族文化交流的特征

1. 在文化交流中，物质文化靠前，精神文化相对滞后

土家族地区由于地理条件的限制，物质文化相对落后，土家族人民主要从中原汉族地区借鉴与吸收优秀物质文化成果，如农业生产技术、经营方式等。明代以后，大量山外移民进

---

① 田发刚，谭笑：《鄂西土家族传统文化概观》，长江文艺出版社，2003年版。

入恩施地区，充当了先进物质文化的交流使者。但在改土归流之前，恩施土家族地区长期受到土酋豪强的家族统治，形成了自身相对独立的宗法制度与道德观念，精神层面的文化在汉族与土家族的文化交流中较少受到改变。相反，明代初期汉族人大量移民恩施山区，由于长期处于封闭的环境，与外界交流不够，他们在精神文化方面接受了土家族传统道德与宗教习俗等文化影响，形成了汉族精神文化土家化的倾向。[1]

精神形态的文化是一个民族区别于另一个民族的标志，正是土家族与中原汉族文化交流中的精神文化交流的相对滞后性，才能使得土家族经历长期的文化交流而不至于失去其民族特性。

2. 政府的行政行为促进了文化交流

土家族与汉族文化交流的主流，始终是土家族人民对汉族文化的学习与借鉴。从物质文化层面来看，明朝以前，恩施地区土家族与汉族文化交流主要通过贡赐制度来实现，在此制度下，恩施土酋将先进的物质文明带回恩施地区。明朝之后，朝廷派遣大量人员进山，他们带来了先进的生产技术与经营方式，成为恩施山区的永久居民。在精神文化层面，恩施土家族上层知识分子，注重向汉族精神文化学习。改土归流之后，不少汉族手工业者纷纷迁入恩施土家族地区，据民国《永顺县志·风俗志》记载，汉族工匠进入土家族地区改变了土家族人以前"自安朴陋，因鲜外人足迹"的封闭状况，于是"攻石之工，攻金之工，砖埴之工，设色之工，皆自远来矣"，其"技艺较土人为精巧"，"近时土著之人，间有习艺业者"，"土人、苗人、汉人杂处，彼此相习，艺术渐精"。[2]土家族与汉族之间技艺的相互交流，促进了恩施土家族地区手工业的发展。手工业中包括木匠、铁匠、石匠、篾匠、皮匠等。其中木匠、石匠技艺水平的提高，直接促进了以木、石为主要材质的土家族传统建筑业的发展。

土家族传统建筑文化与汉族文化交流的过程中，土家族精神文化层面始终保持自己的完整独立，这种精神文化也会折射于土家族传统建筑构造与建筑意识之中。张良皋教授认为，土家族人建好单体建筑并不意味着结束，而是具有强烈的围合趋势，需要不断增建房屋。土家族通常都要在正屋旁边再增建厢房，与正屋脊垂直相交。根据户主的经济条件不同，有的先建一侧，再建另一侧，形成一种半围合势，称为"撮箕口"或者"三合水"。经济条件好的户主，最后会建朝门，完成房屋的四面合围，形成四合院，土家族人也称之为"四合水"。经济条件富裕的人家甚至还在外围加修围屋。土家族吊脚楼这种格局容易被认为是后世向汉族地区学来的，但是张良皋教授认为，这解释为古楚国人传授下来的更为合理。

在恩施土家族地区，土家族传统建筑受到汉族文化影响的痕迹很明显。首先以利川鱼木寨为例，诸多大型土家族传统民居的四合院可以明显分辨出受到了中原汉族文化的影响，这是当地土家族人主动向汉族传统建筑文化学习的结果。利川鱼木寨少数穿斗式木构建筑始于明初，现存最重要的土家族传统民居有六吉堂、张凤坪、新湾、连五间、学堂等，这些建筑

---

① 田发刚，谭笑：《鄂西土家族传统文化概观》，长江文艺出版社，2003年版。
② 周兴茂：《土家族区域可持续发展研究》，中央民族大学出版社，2002年版。

都是典型的四合院格局。六吉堂是鱼木寨最具规模的民居建筑，现在已经成为寨内的核心景点。此建筑始于清代末期，建成于1920年，占地一千多平方米，为四合院格局。此民居有两进两院，中心天井用规整的块石铺筑而成，不仅具有汉族四合院天井的建筑空间特征，而且石材的铺筑方式与规整程度也有汉族文化的影子。堂前抱厦高耸，柱子上刻有楹联一对。抱厦正中有石梯五级，左右两侧皆有石刻浮雕，内容多为人物与山水图案。正屋前廊墙壁还刻有"南阳柴夫子训子格言"，其内容生动反映了土家族人极其重视科举考试与文化知识教育的社会风尚，这证明了改土归流以后，清朝政府在恩施土家族地区对封建科举制度与封建教育的推行。而这些相关内容被土家族人采用浮雕图案与楹联文字装饰的形式置入民居空间，与建筑形成一个整体，反映了土家族对汉族文化的积极接纳与吸收。

二、土家族传统建筑文化与汉族文化交流的实例

（一）汉族四合院建筑文化的引入实例

土家族民居对汉族四合院建筑文化进行吸收的例子在鱼木寨最为常见。鱼木寨最有代表性的土家族四合院民居有六吉堂、连五间、张凤坪、新湾等。这些民居的主体结构都是穿斗式结构，下半部分多采用本地石材以及部分砖、泥。在布局构造上，土家族传统建筑吸取了汉族特有的四合院样式，使得建筑整体更显得合理有序。六吉堂、连五间、张凤坪、新湾等建筑空间布局构造都明显带有汉族文化的烙印。鱼木寨传统土家族民居建筑借鉴了汉族的这种四合院空间结构形态，形成了外部封闭、内部开敞的院落形态特征，但是与此同时，仍然

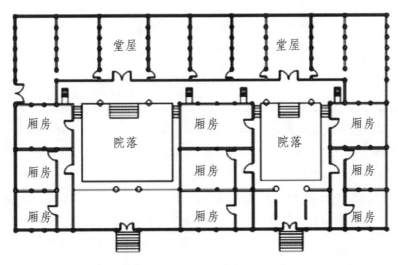

鱼木寨连五间民居平面图
（图片来源：唐典郁的硕士学位论文《鄂西南土家族传统聚落类型与空间形态研究》）

保留了土家族传统建筑的一些主要建筑结构，比如干栏式的结构与挑檐屋顶等。土家族石匠与木匠高超的手工艺水平在鱼木寨诸多传统建筑中得到了展现，这些手艺是土家族原有技艺与汉族技艺交流结合之后的结晶，达到了一个新的高度。鱼木寨土家族传统建筑最令人称道的是其精湛的石艺建造水平。寨内多座建筑都在此方面给人留下了深刻的印象。

恩施二官寨村土家族传统聚落与建筑中也受到汉族四合院建筑文化的影响。旧铺康家大院天井水池的形态格局体现了当地土家族人对中原汉族四合院天井文化的借鉴。康家大院这座占地面积近千平方米的土家族传统民居建筑群落，居住户数最多的时候曾达到三十多户，现在有部分居民在外地工作定居，也有部分年轻人在外打工，所以常住人口有所减少。这是一个土家族人集体居住的院落，在康家大院第三进的位置，是一个较为宽敞的空间，上部没有封顶，只是在此场地的中心修筑了一个土家族木亭子，亭子的瓦片屋顶遮住了中心区域的雨水与顶部部分光线。按照四合院天井周围合围房屋的数量来说，康家大院建筑群内部每个天井四合院都只有三面屋墙包围，好像不是标准的四合院。但是不用机械地去计算合院到底有几面屋墙围绕，从整体视觉体验乃至空间氛围感觉上，都无疑可以将这几个天井院落划归为四合院。观者有这样的初始印象与这些院落的特殊形态有关。首先，院落三面包围的住宅外部木质墙壁封闭性比较好，三面居所外墙组合成很方正的平面包围空间形态；其次，由于各天井院落皆位于康家大院整体建筑群之中心，四周有多座民居建筑形成环绕围合，人们在心理定位上不会关注天井第四面的"缺口"形态，而会在心理上产生一种对"缺口"形态的自动补充效应，形成一种完整四合院的整体感受与体验；最后，中心木亭的左右各两根粗大的立柱分别位于左右两个天井的"缺口"部位，两根柱子的下端还有粗大的木枋相接，起到了部分围合的空间效果。每个天井的中心都有一个方形水池，水色清澈透亮，水池中心种植有水菖蒲等野生植物，有小鱼穿梭于其间。水池四周安装有木栏杆，形成封闭的正方形结构，加强了各个天井的完整合围之感。

（二）恩施土家族传统天井式民居与汉族四合院的差异

恩施土家族人从中原汉族地区借鉴与吸收了其四合院建筑文化，但是他们并未机械地照搬照抄，而是考虑了当地特殊的山地环境、气候与传统文化，进行了因地制宜的改造与灵活机动的处理，从而在四合院的形态构造方面与原有汉族四合院形成了差异性。

天井式民居在恩施土家族地区开始出现的时间大致在明清期间"湖广填四川"之时，但真正大规模建设，还是在第一次"川盐济楚"期间，而其中影响最大的还是徽州盐商的大举西进。因此，下面仅以徽州四合院民居和恩施天井式民居作一简单比较分析，其中徽州四合院民居主要指安徽和江西交汇地区的四合院民居。徽州四合院建筑重视儒学，强调宗族等级；恩施土家族天井式民居建筑更强调乡情与血缘。土家族地区远离中原政治中心，民居的选址较少受封建礼制的制约，而更注重自然地理环境及河流、山脉的走向。土家族天井式民居的核心部分一般保持形态固定，而其他附属房间连同披檐、廊子和墙体等，皆可随功能需要或因地形变化而自由变动。土家族天井式民居的局部常常出现形态的扭转，这种随机应变的建筑营造方式突破了四合院原有的单调格局，丰富了聚落与建筑空间的整体形态。即使天井式民居同处于恩施这一个地域范围之内，但各地受到的经济、文化等因素的影响还是有所不同，这些差异渗透到建筑的各个方面，形成各地民居的多变形态与格局。

鱼木寨六吉堂天井式院落

（三）对汉族楹联文化的引入

　　土家族还在建筑空间中融入了汉族的楹联文化，这种现象在恩施州的利川鱼木寨土家族传统民居与古墓葬建筑中非常普遍，体现了土家族对汉族楹联文化的主动学习与吸收。汉族

鱼木寨连五间民居局部

楹联在鱼木寨的土家族传统建筑中不是以纸张粘贴的形式呈现，而是以木雕或者石雕的形式出现，而且多是雕刻在正屋或堂屋的中心位置的木柱或石柱之上。这些对联或楹联已经成为鱼木寨土家族建筑的固有组成部分，与建筑形成了一个整体，这体现了鱼木寨土家族对汉族文化的主动接纳程度。在鱼木寨的六大传统民居的正屋的屋檐下立柱上，几乎都可以发现精美的印刻楹联文字，以汉字楷书为主。有的建筑正屋檐下立柱仅有一面雕刻有文字，而有的建筑立柱多面都雕刻有对联汉字，反映了鱼木寨土家族群众对汉族楹联文化的高度热爱，这种雕有汉字的建筑立柱与原有传统建筑形成了整体融合，成为鱼木寨土家族传统民居建筑的一种独特风格。以鱼木寨连五间为例，其正屋屋檐下有两根长方形全石质立柱嵌入厚重的巨大石栏杆之中，立柱上有阴刻形式正楷汉字楹联两对，正面有一对联："松竹同苞茂固胜刻角丹楹，燕雀喜生成难复华门圭宝。"两立柱内侧也刻有一对联，左侧为"宅奉亲仁儒者乐郊"，右侧为"里称光化志士得所"。

第二节　建筑对道教、佛教文化的吸收

据史料记载，自从东汉时期，道教与佛教就开始传入土家族地区，并逐渐被土家族接受与认同。在恩施州来凤县有一座中国南方最大的石窟寺——仙佛寺。道教传入恩施土家族地区的时间很早，早在东汉中后期，张陵创立"五斗米道"不久，就在巴蜀一带传教，其孙张鲁在汉中建立了"政教合一"的政权。

土司制度时期，恩施土家族地区已经有了不少的道教建筑，如道教寺观，恩施州建始县的石柱观即是一座道教建筑，此寺观建于明嘉靖年间，当时叫朝真观。"左有宝塔映日，右有蛤蟆吐涎，上有石柱冲天，下有金盆偃月"即是对其景象的描写。到了清代，恩施土家族地区的道教寺观数量激增，据《容美土司史料汇编》记载，恩施州鹤峰县"楼台庵观，比比皆成"。[①]

改土归流以后，不少道士随着汉族人一同迁入恩施地区，并因此带来了道教文化。恩施土家族地区从此大兴土木，修建了为数众多的道教建筑。恩施鹤峰县在改土归流当年就建好了城隍庙、先农坛、社稷坛等建筑；清代乾隆年间，来凤县陆续建成了厉坛、圣庙、真武庙、先农坛、元后宫、轩辕庙、三义宫等道教寺观，数量达到五六十座。咸丰县城乡各地都建有众多寺观庙宇，共八十多座，其中多数属道教建筑。

道教进入土家族地区，对土家族的宗教信仰与生产生活都产生了深刻影响。道教带入了神仙观念，打破了土家族的传统神谱结构。明清时期土家族地区建造的大量寺观中，道教神灵已经成为土家族的祭祀对象。而在土家族传统民居建筑中，也出现了道教文化的影子。据

---

① 田发刚，谭笑：《鄂西土家族传统文化概观》，长江文艺出版社，2003年版。

《鹤峰州志》记载："五月五日，悬艾蒲门外，贴僧道所印送张真人驭虎符于室中……"驭虎符出现于土家族民居建筑中，寓意土家族白虎神在某种程度上为道教神灵所取代。道教思想已经渗透到了恩施地区土家族社会文化与生活的诸多层面之中，土家族传统建筑也不例外。土家族在建吊脚楼时，风水讲究"左青龙，右白虎，前后玄武"，这种风水观即受到道教思想的影响。此外，土家族在传统建筑中对画梁也很讲究，一般在梁木中间画上莲花或者太极图，梁木两端分别写上"乾"、"坤"两个大字，字后还画上八卦图。以利川鱼木寨古墓葬建筑为例，也发现了一些道教文化影响的实例。在寨内多座大型古墓葬建筑中，都描绘或者雕刻有道教文化的标志之一——太极图案。向母阎氏墓的牌坊式正碑拱形门内侧顶端描绘有一红白相间的太极八卦图案，八卦图的中心是一组合图形。八卦图的左右两侧为对称的圆雕吞口造型。二层为高浮雕带，前后中间分别为"双龙抢宝"、"双凤朝阳"，两边为"杨秀打虎救父"、"八仙过海"、"父王访贤"等。而在鱼木寨的民居建筑中也有发现道教思想的影响，新湾民居的拱形朝门内侧顶部即刻有太极阴阳八卦图。从土家族图案中可以看到道教文化在土家族地区的传播影响，很多图案看似道教图案，但是又经过了土家族的加工改造，形成了土家族化。

土家族的民俗文化本身也带有浓郁的神化特点，这和土家族的居住环境有关，土家族人崇信巫鬼与他们的艰辛生活有关，道教思想传入土家族地区，使土家族人寻找到了心灵寄托。土家族人本已有自己的生活方式，道教文化与土家族文化在长期的生活实践中产生了融合，今天看到的很多土家族图案，都是土家族人对道教文化适度改造的结果，它们包含了道教文化的精神，但又不完全是道教文化。道教和土家族艺术融合的民俗图案主题主要体现为：一方面土家族民俗艺术是道教艺术的载体，另一方面包含了道教艺术的土家族民俗艺术更具有自然和人性特征，更加贴近土家族人的精神生活，如"万字纹"就具有明显道教思想文化特征，但是它在土家族的雕刻艺术中也运用广泛。因此可以看出，道教文化使土家族传统民俗艺术更具有表现力。道教视"太极"、

鱼木寨向母阎氏墓太极图案

鱼木寨向母阎氏墓碑石雕

"符"、"篆"为其宗教象征和专属的图像标志，以抽象的、简化的自然物形态或文字图形作为视觉载体，如果单纯从图案造型上分析道教的意象性图案，并不能真正领悟图案的真谛，还要从图像的意蕴层面去解读。太极图和八卦图外观简洁，但是蕴含着道教教义以及宇宙观的精神和内涵，形象地表达了祖先在创立道教时对于宇宙的认识。①

　　道教文化能在土家族地区广泛传播并得到认同，有以下原因：其一，土家族传统信仰与道教文化在某些内涵上有相似之处。在廪君时代，巴人"俱事鬼神"。以恩施为例，由于恩施土家族地区位处楚国与巴国交界地带，文化相通，土家族传统信仰文化为道教文化的传播与渗透提供了土壤。其二，改土归流之后，恩施当地统治阶层采取了扬道抑巫的举措，促进了道教思想在恩施土家族地区的传播。其三，道教传入恩施土家族地区的时间较长，使得道教能够成功地渗入土家族的传统信仰文化之中。其四，道教文化在恩施的广泛传播，与恩施土家族对外来文化的积极学习与吸收的开放心态有密切关系。恩施当地"土老师"积极拜道士为师学习即是证明。土家族的"土老师"看到了道士的先进之处，敢于承认自己的不足，积极向道士学习，学习内容包括道神、风水、八卦、披道袍等。因此，在恩施土家族传统乡村建筑中，明显呈现了道教风水、八卦等思想的深刻影响。②

---

①陆霞：《道教对鄂西土家族民俗图案艺术的影响》，武汉理工大学硕士学位论文，2013年。
②田发刚，谭笑：《鄂西土家族传统文化概观》，长江文艺出版社，2003年版。

第九章　居住理念文化

　　恩施土家族传统建筑的选址与布局、形态与构造特征、装饰特征都离不开居住于建筑中的土家族人的理念文化，建筑的格局与形态能反映恩施土家族人对自然与世界的看法与态度。土家族的传统建筑及技艺能延续流传至今，本质上依靠的是土家族人的居住理念文化，建筑实际上是他们居住理念的物质载体。

第一节　自然观

　　自然观是人们对自然界的总的看法，主要包括人们对于自然界的存在形式、演化规律、结构、人与自然关系等方面的看法。原始社会的人一方面认识到自然与人密切相关，人必须适应它；另一方面又对自然界发生的很多现象迷惑不解，甚至心生恐惧，逐渐形成了自己的宗教信仰，用各种神灵对自然现象进行解释，并希望得到神灵的护佑。土家族人的自然观受到所处地域的自然条件以及社会条件的综合影响，具有本民族的特色。土家族人对自然的看法正体现在其原始自然观上，包括万物有灵论、自然崇拜、图腾崇拜等。在崇山峻岭的艰险环境与长期的劳动实践中，土家族人领悟到人与天地万物处在一个不可分割的宇宙整体中，他们逐渐形成自己的自然观，体现出对整个宇宙独特的认识与敬畏之心，反映出这个民族独特的生态智慧。

　　土家族著作《梯玛歌》中讲，"远古如混沌，无天无地，无人无万物，后由一气化而成立"。说明土家族把一元之气当作万事万物的起源。我国众多民族也大多认为宇宙起源于混沌。但是与我国众多民族的世界起源观点迥然不同的是，土家族的宇宙起源观除了初创阶段，还有一个再造阶段。土家族人认为，现在的有序宇宙是由以前的混沌宇宙演化及神灵加工修补而成。土家族史诗《摆手歌》第一部分"天地、人类来源歌"记载了天地开辟、日月形成及人类起源。 洪荒年代，天和地挨得近，地上画眉鸟、青蛙的叫声，繁茂的葛藤、芭茅和高耸的马桑树给人世带来了生气和欢乐，却扰乱了天界的安宁。天上的"人"（神）烦恼而怨愤，想要痛打它们，它们只得躲藏起来。很快，宇宙和谐的景象被"大地一片漆黑，世上混混沌沌"的剧变所替代，原来这是东海一条大鱼惹的祸，大鱼难闻的腥味飘到天上，天上的"人"便搬起大斧砍在鱼背上，鱼猛地一翻身，把天和地捅了个大窟窿，从此"四季不分，日夜不清，画眉不叫，青蛙住声，葛藤不长，芭茅不生"。[①]《摆手歌》在这里为我们描述了一幅混沌前的宇宙景象，但此种黑暗混沌的局面并没有持续多久，天上大神墨贴巴（土

---

　　① 《摆手歌》，岳麓书社，1989年版。

家语，相当于汉族玉帝）就叫张古老补天，叫李古老补地，然后天空重新光彩焕发，大地依然纵横广阔。但天神也不是万能的，当墨贴巴再令张古老、李古老造人时，均告失败，只有依窝阿巴（土家女神）几经周折才造出人来。从这一土家族的创世神话中，我们可以看出土家族人独特的世界起源观念：宇宙早在混沌之前就已经存在；宇宙在混沌之前已经是万物茂盛，并且万物都有通灵的意识活动；神与人之间不是祈求与拯救关系，而是朋友关系。

战国土家族地区学者鹖冠子在《天则》中也讨论了人与自然的关系。首先，"因物之然"。鹖冠子在《兵政》中言："物有生，故金木水火未用而相制，……九夷用之而胜不必者，其不达物生者也。若达物生者，五尚一也耳。""物有生"实言"物有性"，即相制相克之性，执其性则好解决问题，否则就不好解决问题。"九夷用之而胜不必者"，即"不达物生者"，也即因为"物有而执在矣"。根据鹖冠子所谓："天不能以早为晚，地不能以高为下，人不能以男为女，赏不能劝不胜任，罚不能必不可。"物性也就是事物的质的规定性，人类的生存活动应该"因物之然"。这体现了对自然规律的顺应和遵从。①

土家族先民在原始思维互渗律的支配下，认为水杉树能够超度人类逃过毁灭性的大灾难而继续繁衍。于是，具有卓越而神秘的生命力的水杉使清江流域的土家族先民获得认识自然力、征服自然力的勇气与自信，并在日常的生活中充当了图腾物的角色，成为土家族自然崇拜的象征并延续至今。湖北利川境内谋道镇上今天还有一棵巨大的水杉依旧葱郁茂盛，胸径达到数人合围的尺寸，属于地质冰川时期幸存下来的稀有树种，被誉为"活化石"。当地土家族人每逢过年过节要给它喂年饭，烧香烧纸，将其作为一种图腾物敬奉。土家族人相信它能够赋予土家族人民顽强的生命力，并时刻保护他们免受灾害。这些动植物被看作与土家族人有着亲缘的关系，并成为他们的保护神。对其敬畏、祭祀，而且禁止伤害这些图腾物，以求其保护。①

土家族人的自然崇拜具有自然主义有神论的基本特征，土家族人敬畏自然，不随意破坏自然，以自然为神。他们信仰文化中的自然神灵可谓种类繁多，有诸如山神、树神、石神、风神、雨神、谷神、鱼神、牛神等多种神灵。与西方基督教的超自然主义有神论里的上帝不同，这些自然神灵并没存在于世界之外，而是与土家族人的生存环境密切相关。土家族初民生存环境与条件的险恶，导致土家族人内心深处产生强烈的生存欲求，并导致他们对天神自然的崇拜。土家族初民由于生存环境的艰险以及生产方式的落后，对自然灾害的频发深感无奈，于是对自然心生恐惧。一方面，自然在他们心理上造成了恐惧感，但另一方面，他们渴望摆脱自然灾害的威胁，脱离恐惧，因而又强迫自己去与自然亲近，期待灾害的发生减少。土家族初民的生存问题构成了最基本的"生存原点"，由此出发，凡是有利于自身生存的自然物便被认为是善的，得到尊崇，他们信奉这些自然物为神灵，让自然之神寄托自己的美好希望。对山的崇拜使各物种有栖息与生长地；对水的崇拜保护了万物生命之源；对动植物的崇拜有效地保护其生存繁衍，土家族人对自然的崇拜正体现了他们对自然的顺应，自然生态系统由此保持平衡运转。以古树崇拜为例，据《恩施州志》载：宣恩县晓关侗族乡野椒园村

---

① 萧洪恩：《土家族哲学通史》，人民出版社，2009年版。

马桑湖海拔750米处有一棵红豆树，树高31米，胸径158.5厘米……树龄631年，当地人视此树为风水树，并以树上枝叶枯荣预测年景好坏。咸丰县唐崖镇南河村海拔550米处的小河边有一棵重阳木，高23米，胸径204厘米……其中桑和苦桃与重阳木愈合成一体，人们对美好的向往正是通过对古树的崇拜得以表达，对古树的崇拜也使得它们得到了土家族人很好的保护，维持与延续了人与树的和谐关系。[①]

第二节　伦理观

哲学家黑格尔指出：地方的自然类型和生长在这土地上的人民的类型和性格有密切的联系。生活于武陵山区的土家族人民品性大多谦和、礼让，不唯利是图，这也与环境有关。在土家族人漫长的历史发展进程中，他们大量吸取了汉族儒家文化的先进思想，以和为贵、民胞物与等思想观念已经深入土家族人民内心。宋朝文人张载在《西铭》中写道："民吾同胞，物吾与也。"其意是民为同胞，物为同类，一切为上天所赐，泛指应该爱人与自然界一切物类。

土家族地区人与人之间相互尊重，和睦友爱。土家族人常用山歌来教导后辈如何做人，达到人的内心与外在世界的和谐，克服内心的混乱，如恩施民歌《为人莫当盐贩子》、《劝郎歌》等。土家族社会的内部关系体现为社会地位的"平等"或模糊性。土家族人认为人与人之间是平等的，在门第观念与等级观念上很淡薄，因此土家族的人际交往往往不问出身贫富与贵贱，村寨内有婚丧嫁娶等大事，众人皆会主动参与活动。生活上的互助还延伸到了生产方面，土家族地区的修房、收谷、除草、插秧都是互助，主人家不给工钱，只提供食宿。有文献记载："邑中风气，乡村厚于城市……。"土家族地区形成了一种互相帮助、互相体贴的美好氛围。

土家族人还将爱心拓展到自然界的生灵。土家族村落很多人家的屋檐下均有燕子筑巢，他们视之为吉祥，从不破坏，而当燕子窝有掉落危险时，还会帮燕子进行鸟巢加固。在湖北巴东县小神农架，有一户土家族居民房屋所处的自然环境极佳，其屋旁小溪中有野生大鲵生存，伸手即可抓出水面，然而屋主却从未将其售卖或食用，对小动物存有怜爱之心。在土家族的传统文化中，土家族人认为自然环境是其栖居家园，自然生灵也属于大家庭的成员，他们视保护自然生灵为己任。

---

① 柏贵喜：《土家族传统知识的现代利用与保护研究》，中国社会科学出版社，2015年版。

第三节　祖先崇拜

祖先崇拜源于鬼灵崇拜，强调祖灵与信众之间的血缘关系，并相信祖先神灵对其子孙有保护与惩罚的功能。人们崇拜祖先，一方面是为了获得神灵的保佑，另一方面也是为了强化宗族间的血缘关系。人类学界往往把祖先崇拜的起源和万物有灵论联系起来加以探讨。万物有灵论是一种相信所有物体都有神灵和未来存在的信仰，也称"泛灵论"。原始人认为：当人活着的时候，在人的肉体之内存在着一种肉眼看不见的灵魂。当死的时候，他的灵魂便离开他的肉体，到灵魂应该去的地方。在原始人的观念意识中，人不仅有灵魂，而且灵魂还不死，人的灵魂一旦脱离肉体，人就死亡。脱离肉体后的灵魂大多都去了灵魂该去的地方，这部分人的灵魂修炼成神后，再回到民族、部落中有所显现，则被称为祖先神。

土家族祖先崇拜体系庞杂，祭祀范围宽泛，他们既祭祀本族的祖先神灵，也祭祀本族中的文化英雄，还祭祀蛙、蛇等动物，并把这些对象都视作自己的祖先。土家族最常见的祖先崇拜有始祖崇拜、远祖崇拜、家祖崇拜等类型。始祖崇拜包含有火畲神婆——文化始祖、傩公傩母——生殖始祖神等；远祖崇拜包括八部大神、土王神、社巴神、大二三神等。土家族人相信祖先是能福荫子孙的神灵，在土家族人的祖先崇拜里，人们希望实现自己的现实利益，以及维护个人、家庭、宗族的生存发展。在土家族人的祖先崇拜里，祈福与禳灾是土家族人的主要目的。

土家族人隆重祭祀祖先大神，是因为他们认为祖先不仅能保佑村寨及全族百姓、免除瘟疫与水旱灾害，还能保佑全族人丁兴旺，而且祖先大神还可以兴云布雨，保护农业丰收与六畜平安。这反映了土家族人对神秘力量的屈从，表面看似消极，却具有积极的生态意义。

第四节　禁忌与生态道德

禁忌是关于社会行为、信仰活动的某种约束限制观念和做法。最早的禁忌是图腾禁忌，图腾禁忌就是"人类最古老的无形法律"。图腾禁忌分为行为禁忌、食物禁忌和言语禁忌三大类，主要表现在禁捕、禁杀、禁触、禁摸、禁视、禁食图腾物等方面，原始人们相信图腾具有保护或惩罚图腾群体成员的功能，而且还调整着同一图腾群体社会内部人与人之间的利益关系，这种通过禁止他人侵犯图腾以保护氏族群体利益的禁忌，带有较强的强制性和规范性，支配着人们日常生活的各种行为，有助于社会关系和社会秩序的建立和延续，因此图腾禁忌实际上发挥着法的功能和效力。

禁忌广泛存在于各民族之中，我国各少数民族都有自己的禁忌。土家族人的禁忌文化古老神秘、源远流长。其源头始于原始文化，其流变贯穿于土家族人的整个社会文化发展史。它的产生与发展，与其他任何一种文化现象一样，是由多种原因促成的。其一，从宗教学的角度来分析，它源于土家族先民对神灵的崇拜；其二，从心理学的角度来分析，它源于土家族先民对人们自身欲望的克制与限定；其三，从认识论的角度来分析，它源于土家族人对经验教训的总结和汲取。土家族禁忌文化分为三类：神灵禁忌、生产禁忌、生活禁忌。禁忌文化同其他信仰文化一样，传达了人们对神灵惩罚的畏惧，促使人们在日常生活中谨言慎行。土家族地区也有许多保护其神圣的戒规禁律，如同法律一样严明，任何人不敢越雷池一步。①以土家族生活禁忌为例，在居住方面，土家族人修建村寨住房，要前有"子孙山"，后有"靠背山"，忌前有"烟苞山"。忌砍伐村寨前后神树、风水树，忌牛栏、猪圈正对大门，忌在房屋周围随意动土。

通过对恩施土家族人传统禁忌的剖析，我们不难发现它所起的这种社会控制与生态调适作用。对生态调适作用具体分析，发现它有效地调整了人与自然界的关系，使土家族人去适应、利用与保护自然界，让自然界为己服务。如忌砍伐村寨后山树木、忌打蛇和食蛇肉、忌房前屋后乱动土、清明立夏禁止使用耕牛等，这些都有助于保护动物、保护生态环境。对于经济林的保护，则更为严格和具体：油桐树、油茶树、本油树、五倍子树、漆树等五种树，不准砍作柴用。即使枯死，也不准树的主人随意砍作柴烧，要遵守统一规定的时间，即农历七月十四、十五、十六三天，作为经济林清理枯树的日子。定这三天是因为此时树一般绿叶青葱，与枯死的树容易区别。事前由看守员把枯死的树画上记号，然后鸣锣示众，在三天内把枯树背回家去，如若不遵守规定的办法和时间，就要与砍生树一样受到惩罚。②从乡规民约来看，土家族与自然界之间存在着一种相互依赖的关系。在土家族人及其先民看来，只有森林茂盛繁密，民族才会发展壮大、兴盛，地方也才会安定团结。

土家族以山、水、土、树、动物等为图腾的民族禁忌显示着善的力量，体现着朴素的生态道德精神，体现着人类对自然的尊重。生态道德的重要内容有：爱护自然，消除污染，保护环境，维护生态系统相对平衡，人与自然和谐相处；保持生态遗传资源的多样性。土家族传统哲学观中的"神圣"不是与现实生活对立的力量，它意味着一种开端性的、集万物于一身的力量，意味着先在的、无所不在的创造者。土家族哲学观中的"神圣"属于生态文化中的神圣，它只有一个来源，即生生不息，能使宇宙维持和谐存在的生命本身。土家族人以哲学观引导实践，合理约束自己的活动规律，适应自然运行规律，谋求自身与自然界的共生。土家族传统哲学观中保护生态的意识是在长期的生产生活实践中形成的，十分注重人与自然的关系，并了解生态系统平衡对人类生存的重要意义，因而生态保护意识十分强烈。

① 游俊：《土家族禁忌文化研究》，《吉首大学学报（社会科学版）》2001年第1期。
② 周兴茂：《土家族的传统伦理道德与现代转型》，中央民族大学出版社，1999年版。

第十章　恩施土家族传统建筑的保护与利用

恩施土家族传统建筑承载着地区的历史与文化。在城市建设与发展进程中，传统建筑数量急剧减少，恩施地区的土家族传统建筑同样面临这个严峻的现实。土家族传统建筑装饰是恩施文化景观的重要组成部分，蕴含着土家族人深厚的民族情感与高超的建筑技艺，必须重视土家族传统建筑的保护与合理利用。

第一节　建筑保护利用所存在的问题

一、场所精神的丧失

恩施土家族地区在改革开放以后，一些土家族居民受到现代生活方式的影响，逐渐开始改变传统的土家族居住观念，不再考虑与其他居民共同居住于传统乡村聚落之中。而随着经济、社会、生活、文化等因素的综合影响，恩施一些土家族居民不再遵循聚族而居的生活方式与居住原则，不再重视自己住宅符合土家族传统风水观的基本要求。一些零散的住户首要的居住选址原则是生活方便，他们一般都会选择将房屋建在靠近公路的地方，这里不仅便于搭乘交通工具进城，而且便于经商，比如开小卖部、小饭馆等。独立化的民居与原有的传统聚落脱离了联系，居住在独立新民居中的居民与原有聚落中的居民的联系也变得生疏，和睦相处、团结互助的精神也在日益弱化。独立式民居对建筑周边的自然环境的保护也不如传统聚落。脱离了具体自然环境与人文环境的土家族建筑很难再给居住者以认同感与归属感，宝贵的场所精神荡然无存。

二、生态环境的破坏

近些年来，随着恩施州生态旅游开发步伐的明显加快，土家族传统聚落与建筑也得到了一定的保护与建设投资。然而，在硬件得到一定改善的同时，也出现了生态环境遭受人为破坏的严重问题。对河道的破坏尤为明显，这对当地生态环境造成较大的破坏。河道破坏之后，天然风景难以再现，鱼儿的生存繁衍环境受到了一定程度的破坏。

三、传统建筑功能与外观的变化

（一）民居室内空间格局的随意化

恩施土家族传统民居的室内空间格局讲究家族伦理与家庭辈分。然而目前有些堂屋除了供奉有祖先的牌位之外，还成了堆放杂物、农产品的地方，堂屋祭祀空间的神圣性特征在减弱。很多住户为了改善生活卫生条件，以及满足外来游客的需求，在房屋旁边加建了卫生间。火塘空间也不像以往那样讲究，很多以前的火塘禁忌文化不再受到重视。灶台与厨房也被居民们随意改造，这些都受到了现代生活方式的影响。

（二）建筑外观的杂乱化

1. 建筑用材的杂乱化

随着交通条件的巨大改善，在恩施地区的城镇上各类建筑材料店铺如雨后春笋一般涌现，现代建筑材料迅速占领了恩施地区的建材市场。扶贫搬迁工程与旅游开发也给恩施地区的传统土家族聚落的整体建筑形态与风格带来较大影响。

土家族传统建筑材料主要为杉木、枞木、青石、土陶瓦片以及土砖等天然材料。杉木等木材主要用来制作梁柱、板壁、栏杆、隔间。青石主要用来铺筑地面，修筑屋檐下台基以及台阶等，在利川等地还作为栏杆、门框以及廊柱的主要材料。土陶瓦片用来铺盖屋顶，遮风挡雨，有些部分由杉树皮代替。如今，这些天然材料全部或部分为新材料所替换，造成了土家族传统建筑形态的巨大改变：屋顶大量铺设水泥瓦、陶瓷瓦以及石棉瓦、铁皮。2017年年底，恩施市二官寨旧铺村基本完成了康家大院所有屋顶的土瓦更换计划，改为新型机制水泥瓦，这种新瓦具有体积大、厚实，且易安装，造价不贵的特点，但是耐久性差，一般两到三年就会开裂，主要问题是不耐日晒雨淋。传统土瓦比较费人工，每隔一两年就需安排人去捡瓦，但是这种瓦却可以使用上百年不坏。在旧铺、洞湾的小聚落也有不少土家族民居用上了

鱼木寨某民居外观的色彩破坏

旧铺某民居屋顶遭到现代材料的破坏

釉色的工业陶瓷瓦，居民认为这种瓦亮度高，不易烂，高档且价格不贵。有的民居屋顶甚至使用工业石棉瓦，完全不考虑新材料与传统建筑是否协调。

现在恩施土家族传统聚落有不少民居为了自身居住条件的改善，大量采用混凝土材料作为建筑材料，一是将其作为墙体的材料，二是将吊脚木柱更换为混凝土柱子，这样比木材更加坚固耐用，而且修筑起来也很方便。另外，还有一些好处，比如防火、抵挡噪声的性能增强。当然，此举导致木材本身具备的防湿功能丧失。

2. 外墙着色的杂乱化

传统土家族聚落的整体色彩追求一种自然本色之美。土家族传统建筑都较少上色，即使有涂色也多为大漆或桐油，使建筑呈现和谐朴实之色。这种建筑色彩的追求建立于土家族传统审美观念根基之上，也受到聚落传统风俗习惯的无形制约与影响。而如今，随着土家族传统审美观的淡化以及传统习俗影响力的减弱，土家族居民个人对民居的色彩应用也日益随意化。价廉物美的工业油漆在土家族地区很容易购买，居民开始随意使用这种现代化涂料，导致传统建筑外观损坏严重，呈现一种极为杂乱的色彩效果。比如利川鱼木寨的一座土家族民居，墙壁本身由村里统一漆成土黄色或赭石色，色调与周围环境基本协调，然而户主在整修房屋的过程中，直接将天蓝色高纯度工业油漆涂抹在护栏部位，导致建筑外观呈现一种不和谐的色彩效果。

四、传承方式的脆弱

由于受到外来文化的巨大冲击，土家族人的传统文化观念也在发生潜移默化的变化。恩施地区不少传统聚落的土家族居民对本民族的认同感也在逐渐弱化，土家族传统民居的营造技艺的传承采取传统的师傅带徒弟的方式，这种传承方式比较脆弱，受到外界影响很大。作为宝贵的建筑遗产，师徒式的传统授业方式传播面太狭窄，学到技艺的人数太少，不利于土家族传统建筑文化的延续。另外，许多年轻人也不愿意学习传统建筑技艺与文化，他们追求高工资与舒适的工作条件，而学习传统建筑技艺是一项非常辛苦的工作，并且待遇也不高，对他们缺乏吸引力。现在在恩施土家族聚落，很难看到年轻的传统工匠，土家族传统建筑技艺面临后继乏人的现实困境。

第二节 建筑保护与利用的价值与原则

一、保护与利用的价值

恩施土家族传统聚落和建筑不仅具有独特的民族风格与地域形态，而且蕴含着土家族宝贵的传统建筑文化，其中包含有生态审美观、自然观、民族信仰等文化观念。在现代城市与建筑对自然环境不断造成破坏的时代背景之下，土家族传统聚落和建筑与自然的和谐相处之道无疑是值得现代城市建设学习与借鉴的珍贵文化财富。现代城市建设与建筑很多都出现了千篇一律的弊端，丧失了各地的地域风格与特色，造成了人与建筑关系的脱节，必须改变这种不利于城市发展的局面，树立生态城市与生态建筑的良好形象，我们可以从土家族传统聚落和建筑文化中吸取营养，为城市建筑的发展输入新的血液。传统建筑并非意味着落后，它不仅可以为现代人留下宝贵的历史记忆，而且可以为现代城市文明所用，促进城市建筑文化的可持续发展。

二、保护原则

（一）原真性保护

土家族传统聚落和建筑的整修必须尊重原有的历史，不能随便进行创造性改变，建筑的结构、外观都必须尽量保持原来的特点。作为一种民族建筑文化，土家族传统建筑的原真性是其重要的价值。当前有些地区的传统民族建筑被胡乱进行改建与商业利用，货真价实的民居被改得面目全非，造成不可挽回的损失。这就好比真的古董与赝品的差别。

土家族传统建筑的核心特征主要体现在龛子、挑、屋檐反曲等结构之上，而新民居在试图恢复民族建筑文化的时候，却丢失了这些宝贵的土家族建筑之本质特征，无疑是一个遗憾。

（二）完整性保护

首先，土家族传统建筑不是孤立的人造建筑，它与当地建筑所处的自然环境是不可分割的一个整体，不能脱离自然环境而孤立地保护建筑。我们必须在保护建筑主体的同时保护好聚落与建筑周边的自然生态环境。若建筑周边的自然生态环境遭受破坏或改变，与自然紧密相连的建筑主体的文化内涵与底蕴都会发生改变。

小溪胡家大院新修土家族木构民居

其次，恩施土家族传统乡村聚落的保护还必须重视对原有传统聚落形态的维系。恩施土家族传统乡村聚落的原有形态与结构是土家族人在长期生产生活实践中对自然进行适应的物化形式，也是与本民族传统文化和宗教信仰相适应的物化体现，这种聚落原始结构形态不能轻易进行改换，必须尽最大的限度进行维持。主要应该注意不能随意改变聚落形态中的基质、斑块、廊道与边界等结构。

（三）活态性保护

恩施土家族传统乡村聚落的保护要特别重视对土家族原住民的关注，因为土家族传统聚落形成这种适应自然环境、维系人与人之间的和谐关系的聚落形态特征，人是最关键的因素。若原住民迁徙或改变生产与生活方式，必然直接威胁到恩施土家族传统聚落的原有文化生态系统的稳定性，甚至丧失其原有的生态之美。以恩施州利川鱼木寨为例，当地文物保护部门在对土家族传统聚落与建筑进行保护时，特别重视对最能代表鱼木寨土家族民居建筑艺术水平的四合院建筑的保护，这些建筑包括六吉堂、连五间等。古代风水都很重视建筑与人的相互影响，没有了人对建筑的守护，传统建筑随着时间的延续必然加快衰败的步伐。

参考文献

[1] 陈望衡. 我们的家园：环境美学谈[M]. 南京：江苏人民出版社，2014.

[2] 阿诺德·伯林特. 环境美学[M]. 张敏，周雨，译. 长沙：湖南科学技术出版社，2006.

[3] 王红英，吴巍. 鄂西土家族吊脚楼建筑艺术与聚落景观[M]. 天津：天津大学出版社，2013.

[4] 陈望衡. 环境美学[M]. 武汉：武汉大学出版社，2007.

[5] 周兴茂. 土家族的传统伦理道德与现代转型[M]. 北京：中央民族大学出版社，1999.

[6] 阿诺德·伯林特. 生活在景观中[M]. 陈盼，译. 长沙：湖南科学技术出版社，2006.

[7] A.N.怀特海. 观念的冒险[M]. 周邦宪，译. 贵阳：贵州人民出版社，2000.

[8] 保罗·戴维斯. 上帝与新物理学[M]. 徐培，译. 长沙：湖南科学技术出版社，2012.

[9] 肖为，谢建祥，卢鹏. "野性美"的生命涵泳[J]. 商丘职业技术学院学报，2013，12（1）.

[10] A.N.怀特海. 科学与近代世界[M]. 何钦，译. 北京：商务印书馆，1959.

[11] 马丁·海德格尔. 海德格尔选集：上册[M]. 孙周兴，译. 上海：上海三联书店，1996.

[12] 阿多诺. 美学理论[M]. 王柯平，译. 成都：四川人民出版社，1998.

[13] 田红，石群勇，罗康辉. 土司城的文化景观——永顺老司城遗址核心区域景观生态学研究[M]. 北京：民族出版社，2013.

[14] 王炎松，段亚鹏，袁铮. 唐崖土司城遗址复原研究[M]. 北京：中国建筑工业出版社，2015.

[15] 李庆本. 国外生态美学读本[M]. 长春：长春出版社，2010.

[16] 宋生贵. 当代民族艺术之路——传承与超越[M]. 北京：人民出版社，2007.

[17] 黄柏权. 土家族历史文化散论[M]. 北京：世界图书出版公司，2014.

[18] 陆群. 湘西原始宗教艺术研究[M]. 北京：民族出版社，2012.

[19] 魏柯，胡昂，余翰寒. 四川古镇现象学——场所与知觉的意义[M]. 成都：四川大学出版社，2016.

[20] 朱世学. 鄂西古建筑文化研究[M]. 北京：新华出版社，2004.

[21] 苏晓云. 社会转型与土家族社会文化发展[M]. 北京：民族出版社，2012.

[22] 杨圣敏，丁宏. 中国民族志[M]. 北京：中央民族大学出版社，2003.

[23] 周兴茂. 土家族区域可持续发展研究[M]. 北京：中央民族大学出版社，2002.

[24] 宗白华. 美学与艺术[M]. 上海：华东师范大学出版社，2013.

[25] 萧洪恩. 土家族仪典文化哲学研究[M]. 北京：中央民族大学出版社，2002.